海倫・塔柏 Helen Tuppe | 莎拉・艾莉絲 Sarah Ellis —— 著
謝明珊 —— 著

職場天賦

THE SQUIGGLY CAREER

「睿智的職涯教戰守則！快來閱讀這本書，掌握書中的工具，在你現在和未來的職涯大放異彩。」

——瑪莉．佛萊奧（Marie Forleo），紐約時報暢銷書《凡事皆有出路》（*Everything Is Figureoutable*）作者

「大多數人都沒有想過，該如何依照自己的意思，打造一段真心喜愛的職涯。《職場天賦》把職涯可能面對的難題變簡單了，充滿淺顯易懂的真知灼見。」

——布魯斯．戴斯利（Bruce Daisley），《工作的樂趣》（*Joy of Work*）作者

「你想掌握自己的職涯嗎？一定要擁有這本實用攻略，學會發揮強項，設計屬於你自己的職涯。迂迴而上的非線性職涯，早已是職涯的新常態。這本書值得一讀再讀，如果早一點出版就好了！」

——伊麗莎白．烏維比內內（Elizabeth Uviebinené），
《迎難而上：黑人女孩聖經》（*Slay In Your Lane*）作者

「21 世紀專業人士最大的目標，就是掌握迂迴而上的非線性職涯。扶搖直上的線性職涯，早已不復存在，未來的職涯就是要擁抱新事物、解決問題和自我創造。終生職已死，迂迴而上的職涯永遠長存！」

——薩姆．康尼夫．阿連德（Sam Conniff Allende），
《更海盜一點：或如何挑戰全世界並戰勝它》（*Be More Pirate*）作者

「迂迴而上才是最棒的職涯！但可能要先具備一些知識和觀念，這本書絕對會滿足你的需求。真希望多年前，我還在斜槓人生跌跌撞撞時，就可以讀到這本書，我已經可以想見，這本書會造福無數的人。」

——瑪格麗特．赫弗南（Margaret Heffernan），
《大難時代》（*Wilful Blindness*）作者

「《職場天賦》不是尋常的商管書。這本書務實、簡潔、個人化，澈底顛覆你對工作的想像。」

——克莉斯托·艾辛格（Crystal Eisinger），
Google 廣告行銷首席策略長

「超棒的一本書，教大家如何過幸福有意義的職涯人生，一切從自己開始，先認識自己和自己所追求的價值，書中收錄了許多簡單的練習，幫助你深入思考自己是怎樣的人，以及想如何應用工作時間。快加入迂迴而上的行列吧！」

——麥特·布利汀（Matt Brittin），
Google EMEA 地區業務營運總裁

獻給葛瑞斯和湯姆，

幸虧有他們堅定的支持，

一切才得以成真。

獻給亨利、瑪德蓮和麥克斯，

他們總是讓我哭笑不得。

目錄 Contents

前言. 迎接迂迴而上的職涯

什麼是迂迴而上的職涯？我們寫這本書的原因？讀者該如何善用這本書？

Ch.1 迂迴而上的職涯

工作的同事、內容、時間、地點和原因有哪些變化？這對每個人職涯又有什麼影響？

Ch.2 超級強項

找到自己的強項，並且盡情發揮。無論做什麼工作，都要懂得秀出超級強項，從人群中脫穎而出。

Ch.3 價值觀

認識自己所追求的價值，讓它成為你的驅動力。透過核心價值的追求，在職場獲得實現和幸福。

Ch.4 自信

自我覺察有什麼魔鬼般的自卑心理，正在妨礙你迂迴而上，把這些魔鬼囚禁起來。學會培養韌性，一方面專心想著你的成功之處，另一方面建立強大的人際支持系統。

Ch.5 人脈

評估你現在的人脈，有沒有需要填補的缺口？
學會建立活躍的多元人脈，把付出看得比接受更重要。

Ch.6 未來的前景

學會探索未來的職涯前景，培養「好奇心、給意見和恆毅力」三大能力，持續締造職涯巔峰。

Ch.7 迂迴而上的職涯有哪些難題

列出最常見的難題，並且提供解決之道，例如：何時該換工作？如何找到職涯導師？該如何維持工作／生活的平衡？

Ch.8 100個職涯建議

特別邀請一百位成功人士，專為本書讀者提供職涯建議。

前言

迎接迂迴而上的職涯

大家先看到下列三個問題，想一想自己目前的職涯。

1. 你在職涯踏出每一步，是否看得清前方的道路，一路拾階而上？
2. 你能不能想像五年後，你還待在同一個職位，還在同一家公司上班？
3. 你會不會跟父母一樣，做到相同的年紀再退休？

終生職早已是過往雲煙，現代人對職涯的期待已經變了。

「*不會吧？不可能！*」這是大多數人的回答。這幾十年來，職場變了很多，絕大部分都是變好。現在職涯充滿了無窮的機會，但是機會多了，複雜度也隨之提高。大家都想追求自己有興趣，可以自我實現的工作，在工作中發揮強項，找到生命意義，工作時間很彈性，有機會學習新技能。我們對職涯的期待變高了，也經常聽專家說：「愛上自己的工作」、「追隨自己的夢想」、「活出精彩的人生」。但是，這些勵志的建議大多跟現實脫節，有時候，人難免無法「追隨自己的夢想」，有房租和房貸要付，有上司要擔待，有同事和朋友的期待，無時無刻都在回信和回訊息。

我們期望職場是一個充滿機會、創意和自由的光明世界，但大多數人真實的職涯並非如此。如果要跟嶄新的職涯世界接軌，絕不可能只靠幾個簡短建議或勵志金句。那我們可以靠什麼呢？為了在現代職場找到幸福，做自己職涯的主人，你必須培養五大技能，分別是：

1. 超級強項：你擅長的事情

你必須清楚自己的強項，然後採取行動，無論做什麼工作，一定要把強項秀出來。

2. 核心價值：你之所以是「你」

找出你背後的驅動力，這樣你在職業生涯，才會做正確的決定，用心理解別人。

3. **信心：相信你自己**

每個人都有「魔鬼般的自卑心理」，以致我們在職涯人生中畏畏縮縮。你要學會囚禁這些魔鬼，專注於你的成功之處，鍛鍊你的韌性，並且建立強大的人際支持系統。

4. **人脈：大家互相幫忙**

每個人都要建立有效的人際關係，所謂有效的人脈，不是你在利用別人，而是你在幫忙別人。

5. **前景：探索各種選項**

職涯規劃做出來的那一刻，就成了過去式，所以重點是發現未來的可能性，立刻採取行動，盡情去探索！什麼是你工作的「理由」？有哪些技能在未來大有可為呢？

不管你的職業生涯走到哪一個階段，培養上述五大技能，都是你有能力和掌控力去做的事情。哪怕你剛投入職場，找到人生第一份工作，或者你是公司主管，底下有十個人的小團隊，又或者你才剛創業。

拋下職涯階梯，盡情探索機會，設計專屬於你的職涯。

認識你的強項，盡量發揮。活出

你的核心價值。囚禁你魔鬼般的自卑心理。建立有效的人脈。探索未來前景。這些都是你迂迴而上的必備技能。

0-1 迂迴而上的緣起

說一說我們的故事吧！這本書會付梓出版，主要是有一天，我們突然恍然大悟。我們大學時代都讀商管科系，在 2013 年 6 月的一次定期聚會，約好了一起喝咖啡，那一年夏天，我們特別有心情沉思，回顧從畢業第一份工作至今，職涯人生改變了多少。

我們剛從大學畢業時，滿懷抱負和衝勁，準備爬職涯階梯。在我們的想像和規劃中，只要盡可能爬「階梯」，就會抵達終點，但實際經驗似乎有落差。12 年過去了，我們還是一樣有抱負，一樣熱愛成功的事業，可是現在的職涯，越來越難以捉摸，還有一點點……迂迴。

我們更換的公司、職位和職業，遠比我們想像的多。莎拉開玩笑說，她至今換過的公司和職位，已經超過她爸一輩子的加總，我們不禁停下來思考，頓時恍然大悟，現在職涯更錯綜複雜了，不再是線性的。我們職涯人生的每一個面向，似乎都有一些改變，而且改變的步調正在加快。

我們倒是樂在其中，甚至成為這些改變的大贏家。為什麼呢？因為我們都積極學習，盡情探索有趣的新機會，主動認識會帶給人啟發和歡樂的人，但是我們卻發現，自己是幸運的少數。很多人處於水深火熱之中，每次談到職涯，就是困惑、壓力、焦慮、不知所措。我們身邊的朋友、同儕、員工都曾經心灰意冷，說什麼「我不知道要走去哪裡」、「我卡關了」、「我不知道自己擅長什麼」、「怎麼找到我深愛的工作」。

我們一邊喝咖啡，一邊想著職涯比以前更迂迴了。莎拉掏出一支筆，開始在餐巾紙塗鴉：

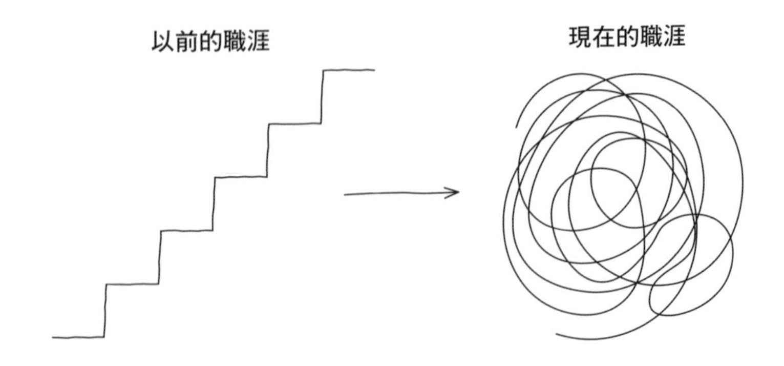

她畫完這張草圖，「迂迴而上」的概念誕生了！我們頓悟了，職涯階梯已不復存在，取而代之的是迂迴而上的職涯。我們想了想，如果大家都具備迂迴而上的技能，豈不甚好？於是，我們決定採取行動，讓這件事成真。

從此以後，我們利用工作之餘搞副業，成立「優職（Amazing If）」這家公司當作副業，幫助大家在職涯獲得幸福和實現，原本只是想提供不一樣的職涯發展模式，卻誤打誤撞成了創業家。

0-2 一發不可收拾

這項副業一發不可收拾。我們起初只是開設小型工作坊，讓學員嘗試我們設計的職涯發展工具。

每次工作坊一開場，我們會先畫一個階梯，再畫扭成一團的線，帶出我們心中的假設，讓大家明白職涯已經變了（下一章會有更多內容）。上面那張圖一畫出來，學員頻頻點頭，我們就知道自己做對了！六年過去了，我們開了更大規模的工作坊，改良我們設計的工具。這些工具是我們兩人職涯發展的夥伴，一路陪我們晉升管理職、升格當媽媽、裁員，還有各種私生活或職涯的轉變。我們的主業蒸蒸日上，這項副業也持續擴充規模。

我們針對員工職涯發展，跟大小企業合作。我們還推出播客節目（Podcast），名為「迂迴而上的職涯」（*Squiggly Careers*），服務沒機會上課的廣大民眾，不知不覺的培訓無數人，好多人成了迂迴而上職涯的倡導者和親善大使。他們在「優職校友會」（Amazing If Alumni）大方分享成功故事，包括成功升職、跟主管改善關係、發現全新的事業，可見我們的副業，比我們的想像更有影響力！

這本書要上場囉！就在這時候，我們終於把自己的觀點、行動、工具和技巧集結成書。當你閱讀這本書，做書中的練習，絕對會重新認識自己與自身的職涯。在你展開職涯大改造之前，先看一看下一個章節，學會善用這本書！

0-3 如何善用這本書

這是一本實用書，收錄很多的練習、工具和技巧，專門協助你認識自己，以便在今天、下週和往後採取行動。

> 我們希望這本書會成為你的事業夥伴，書中有很多塗鴉、觀點和成功故事。

第一章深入探討何謂迂迴而上的職涯，在現今的職場，職涯階梯的比喻已喪失意義。

第二章至第六章鎖定五大核心技能，這是你成功迂迴而上的關鍵。

1. 超級強項
2. 價值觀
3. 自信
4. 人脈
5. 前景

每一章的開場，我們會先介紹一種技能，跟大家解釋清楚，為什麼這項技能對迂迴而上的職涯有利。接下來，教大家如何培養這項技能，把你看到的洞見，化為職場的行動。

> 把你看到的洞見，化為職場的行動。

有些章節會分享我們自己的職涯故事，讓大家明白這些技能如何在職場上，協助我們不斷學習和成功。每一章的最後有重點整理，濃縮成十大重點。

第七章會介紹職場最常見的難題：

1. 我該在工作之餘從事副業嗎？
2. 該如何找到職涯導師？
3. 如果公司不投資員工培訓，我該怎麼辦呢？
4. 我該留下還是離職呢？
5. 該如何達成工作／生活的平衡？
6. 該如何建立個人的品牌？
7. 如果我沒有一個團隊，該如何展現我的領導力？

上面幾個問題，在我們工作坊和播客的詢問率很高，所以是大家職業生涯中最容易遇到，最切身相關的難題了。第七章分享各種建議和行動方針，協助讀者處理這些棘手問題，並提供「延伸學習」，推薦不錯的書籍、影片和播客。

最後一章列出 100 個職涯建議，來自我們合作過的事業夥伴，或曾經啟發過我們的人。他們專為這本書分享個人職涯建議，希望大家也可以從中獲益，其中有不少大咖的金玉良言，例如華頓大學教授亞當・格蘭特（Adam Grant），著作有《給予：華頓商學院最啟發人心的一堂課》（*Give and Take*）、《原創力》（*Originals*）和《擁抱 B 選項》（*Option B*）。另外，還有艾瑪・甘儂（Emma Gannon），著有《不上班賺更多》（*The Multi-Hyphen Method*），她也是「Ctrl Alt Delete」播客節目主持人，另有英國獨立電視台執行長卡羅琳・麥考爾（Carolyn McCall）。

閱讀這本書，你非做不可的五件事：

①盡情塗鴉：本書每一個章節，都有收錄工具和練習，讓你動手寫字；當你需要白紙，或者想重做部分的練習，本書最後有提供幾頁筆記區（如果你購買電子書，可能要自行準備筆

記本，隨時呼叫筆記功能畫重點）。我們衷心希望，這本書會成為你的書架中翻到最破爛的一本書！有很多頁角折起來，滿滿的筆記，到處都是塗鴉！

②自行改造練習題：這些練習題是我們耗時六年，跟工作坊學員一起改良而成，你大可依照個人需求做調整。這些練習題絕非硬性規定，如果你覺得改一改，更適合自己使用，那就大改特改吧。這是你的職涯工具書，盡量根據個人化改造，滿足你自己和你的個人需求。

③練習題做兩遍以上：這很重要！這些技能不可能一次練到位，千萬不可做一次就束之高閣。練習題是你尋找答案的跳板，卻不可能立即給你明確解答，所以要重複做練習，每一次練習，都會有新想法。這本書每一個練習題，我們自己也做了好幾年，做了上百次，每一次練習都獲益良多，深受啟發。

④一讀再讀這本書：如果你有時間，先從頭到尾讀一遍。雖然本書各章可以分開閱讀，但我們還是覺得，最好先有前一章的知識，再來閱讀下一章。等整本書都讀過一遍，不妨再

我們希望交給你觀念、工具和行動，讓你成為職涯發展的主人。

回顧你特別有共鳴的章節，重複做裡面的練習題。

⑤聯絡我們：我們想知道你如何善用書中的練習題和工具，哪些對你有用，哪些對你沒有用。如果你希望我們寫其他主題，歡迎留言讓我們知道，隨時保持聯絡。

聯絡管道如下：

Instagram：@amazingif

我們每天在 Instagram 分享職涯發展妙招，深入探討迂迴而上的職涯。

Podcast：迂迴而上的職涯（*Squiggly Careers*）開放各平台免費收聽，每個禮拜的節目都跟職涯有關，包含調薪、壓力管理、樹立威信。

Email：helenandsarah@amazingif.com

如果你有任何意見或問題，寄信給我們吧。我們開設工作坊最大的喜悅，就是聽見大家成功的消息，所以我們也期待聽到，這本書對你的職涯有什麼幫助。

網站：www.amazingif.com

有很多職涯發展的資源，除了這本書的部分內容，還有提供線上課程。

0-4 最後的提醒

光是閱讀這本書，你就是在採取行動了！你主動學習和提升自己，已經成功了一半！我們建議大家，保持開放心胸，練習自我覺察，把學習擺第一，你會在迂迴而上的職涯大放異彩，實現自我。

讀完這本書，你會懷抱著洞見和信心，迎向迂迴而上的職涯。你在閱讀的過程中，可能要深入思考，用心反思你現在和未來的職涯，這會是一段有趣的旅程。我們期望你樂在其中，《職場天賦》會在未來幾年，持續支持著你、你的同事和朋友。

認真讀，祝一切順利！

Helen Sarah

海倫和莎拉

我們開始吧！

ch. 1
迂迴而上的職涯

以前的職涯，不外乎是爬職涯階梯，一路扶搖直上，一切都在意料之中，下一步極為明確，沒什麼捉摸不定的事。現在的工作，令人感到高壓和緊繃，大家無不希望在工作上，爭取更多自由，追求個人實現。為了描述新的職涯現狀，我們想出了「迂迴而上的職涯」一詞。現在的職涯迂迴極了，我們比以前更應該把個人成長擺在首位，設計專屬於自己的職涯！

迂迴而上的職涯，有幾個生成的原因。過去十年，職場的人事時地物改變好多，職場環境早已不復以往。我們在探討五大職涯發展技能之前，先回顧過去十年來，職場歷經了哪些大轉變，對我們現代職涯有什麼影響。工作的夥伴、內容、地點、時間和原因，全部都變了！我們來探討這些帶來的影響。

1-1 我們共事的「人」

✷ 五個世代並肩作戰

現在職場可能有五個不同的世代，一起並肩工作，這是因為人口老齡化，導致職場人口組成多樣化。每一個世代，每一個人，都處於不同的職涯階段，有各自不同的需求和期待。「一體適用」的職涯發展策略早已過時，現在需要更為個人化的框架，肯定每個人有不同的工作動機。

這對你有什麼影響：*你的職涯發展，靠你自己掌握！*

✷ 職涯路徑不復存在

勞動力組成趨於多元，這對你的職涯有兩大影響。首先，你的職涯發展，必須靠自己掌握！

你自己的職涯，只有你自己最在乎。

現代職場有什麼人？

75 歲以上族群：有時稱為「傳統派」，這群人因為身體健康、科技發展和工作彈性，過了退休年齡還能夠繼續工作。

55-74 歲族群：這群人是「嬰兒潮世代」，職涯經驗主要是線性的，不料到了人生下半場，竟有機會學習新技能，甚至為了新的職涯選項，重新接受培訓。

44-54 歲族群：大致是所謂的「X 世代」，受過良好教育（60%接受過高等教育[1]），對於職涯抱持著「拼命工作，拼命玩」的哲學。

25-43 歲族群：2020 年占了勞動力 75%[2]，稱為「Y 世代」，強調工作一定要有意義。科技通，習慣換工作。

25 歲以下族群：一出生就是數位時代，「Z 世代」是現今職場中，最積極參與政治和社會的一群人。

如果是在以前，公司會幫大家安排好一切，像是職涯路徑和升遷計畫，公司還會為大家下指導棋，指示下一步和方向。反之，現在每個人要自己找答案。

✷ 樂在職涯，因為工作時間很長！

其次，現代人壽命長，工時也長，一輩子平均有 9 萬小時在工作[3]。假設你現在 30 歲，可能還要再工作 40 年，偶爾想起來，還真是嚇人，但剛好可以提醒你，一定要用心設計自己的職涯，為你帶來自我實現、成長和幸福。

反思、自我覺察、持續學習這三件事，以前做了會「加分」，現在呢？不做的話就等著「扣分」。

1-2 我們的工作「內容」

✷ 自動化的影響

現在工作類型改變了，只有極少數的人，做著日復一日的工作，主要是因為科技的發展，很多重複可預測的事項，都已經交給機器來處理了。麥肯錫報告指出，要是科技再持續進步，到了 2030 年，3.75 億名勞工不得不更換職業類別[4]。

✴ 每一天都不同

現在工作內容並不固定，大多會隨著專案變來變去，所以應徵時看到的職務內容，僅供參考而已，從我們投入新工作那一刻起，一直在回應公司需求，自我調適。VUCA 的概念，包括不穩定（Volatile）、不確定（Uncertain）、複雜（Complex）和模糊（Ambiguous），很貼近現在的職場。變化的步調似乎沒有放慢的跡象，很多人都受到波及。既然工作環境瞬息萬變，我們當然要學習新技能，建立新人脈，建立有效溝通，每天調整職務和職責。

✴ 瞬息萬變

如果企業要因應環境變化，自主應變和調適，有賴敏捷的營運結構，以及機靈的內部團隊。換句話說，層級不可以太複雜，沒事就要多做結構重整。2019 年，勤業眾信（Deloitte）全球

> 「為了適應 2050 年的世界……最重要的是，一而再，再而三的改造自己。」
>
> ——《21 世紀的 21 堂課》（*21 Lessons for the 21st Century*），尤瓦爾．哈拉瑞（Yuval Harari）

人力資本趨勢報告指出，每十位領袖就有九位，把結構重整視為首要之務[5]。企業面對多變的環境，一定要雇用兼具韌性、適應力、好奇心的員工，唯有這樣的人才，能夠在快速變遷的世界，盡快學習並大獲全勝。

這對你有什麼影響：成為「無所不學」的人

✷ 持續進步

工作類型一直在改變，我們的觀點，還有學習心態，也要跟著改變才行！學習成了職涯日常，絕非只限培訓日或團隊會議才做。我們要擁抱「持續進步」的職涯心態，專業成長再也沒有「足夠」的一天。

✷ 終生學習

卡羅・杜維克（Carol Dweck）教授專門研究學習和智力，他的研究結果向大家證實了，心態確實對成就有影響。一個人抱持定型心態（fixed mindset），總以為個人特質是天生的，一輩子改變不了，也不會從錯誤中記取教訓，只顧著證明自己是對的。反之，一個人抱持成長心態（growth mindset），會專心

> 「你需要新觀點，你需要新能力，但前提是有醞釀新觀點和新能力的文化。」
>
> ——薩帝亞．納德拉（Satya Nadella），微軟執行長

拓展自我能力，把錯誤視為學習的機會。我們選擇什麼心態，影響了我們如何面對問題，如何看待成就和成功。一旦有定型心態，每次遇到問題，只覺得自己不聰明，無力解決問題，但成長心態就不一樣了，相信自己終會找到解決辦法，只是這一天尚未到來。杜維克教授知名的 TED 演講，將此稱為「相信你能進步的力量」（the power of yet）。

杜維克教授在其著作《心態致勝》（*Mindset*），提出精闢的論點，受到進步型組織的青睞，比方微軟執行長薩帝亞．納德拉（Satya Nadella）便相信，包括他自己在內的每個人，都應該成為「無所不學」的人，而非「無所不知」的人。

1-3 工作的場所和時間

✷ 不再朝九晚五

以前的上班時間，通常是早上九點至下午五點，但 2018 年英國民調機構 YouGov 調查顯示，現在只有區區 6%受訪者，還做著朝九晚五的工作[6]。無論是老闆或員工，都開始肯定自訂工作模式和地點的好處。

✷ 所謂的工作彈性，不只是在家工作

英國民調機構 YouGov 受訪者之中，有將近半數是彈性工作者，比方透過職務分攤（job sharing）、彈性工作或週休三日。工作彈性對企業和個人而言都有好處，有高達 72%企業表示，提升工作的彈性之後，生產力確實有改善[7]。

企業讓員工自由選擇最適合的工作模式，員工會做得更賣力。當員工的多樣性和生產力提高了，企業也會受惠。

✷ 工作地點

現在辦公地點不再限於辦公室。隨著科技發展和普及，有越來越多的人，無論到哪裡

都可以工作，包括自己家、咖啡廳或共享辦公室。美國共享辦公空間 WeWork，為新創企業、自營業者和全球組織提供共享辦公室，在全球各地開花結果，可見我們辦公的性質改變了。2019 年 WeWork 宣布在全球 72 個城市擁有 25 萬個會員，市場估值達到 200 億美元[8]。

✷「永遠上線」的文化

拜現代科技所賜，我們可以在任何時間地點工作。線上協作工具舉凡 Microsoft Teams、Slack、Facebook Workplace，讓團隊成員不再受地理限制，隨時可以保持聯絡和合作。然而，科技太過便利，催生了「永遠上線」文化，讓人即使下班了，卻仍然無法完全放下工作。一堆人到了深夜、週末或假日，還在看電子郵件、回訊息。每十個人就有七個人，放假還在工作[9]。根據英國工會聯盟的分析，自從 2010 年以來，英國超時工作（每週超過 48 小時）增加了 15%[10]。

✷職場孤獨

現代工作模式還有一個隱憂，現代人在職場更孤立了，跟同事之間的連結更少了。如果大家沒有固定的辦公桌，就不可能每天跟鄰居寒暄。如果大家都在家工作，就不可能到茶水間閒聊。這問題可大了！哈佛大學有一項為期八年的研究，追蹤家庭和職場的關係幸福度，最後發現人際關係幸不幸福，確實會影響我們的健康，還有長期的幸福感[11]。

這對你有什麼影響：*設計你自己的作業方式*

✴只管你控制得了的事情

有哪些事情是你「控制得了的」？哪些是你控制不了的？把這兩件事想清楚了，你會更有決斷力，在最適合自己的時間地點工作。如果公司不可能讓你自己選擇最適合的工作模式，那就先確認一下，什麼是你控制得了和控制不了的，只把注意力放在前者，比方你無力改變人資的政策，但如果有一天，你的團隊試辦彈性辦公桌，你總算能自告奮勇吧，然後跟其他部門分享心得。企業文化是「大家在這裡的行事風格」，源自於同一個地方工作的所有人。從小事做起，你自己或你的團隊先試行，你對於整個組織的影響力，可能會超乎想像的大。

✴設定關機的時間和空間

科技是為了讓工作和生活更便利，但是有時候事情的發展正好相反！辦公的時候，學會控制你使用科技的方式。科技要成為你職涯的助力，而非阻力。你還要設定工作的原則和界線，為自己騰出關機的時間和空間（這樣你工作的成效會更好）。布魯斯‧戴斯利（Bruce Daisley）在暢銷書《工作的樂趣》（*Joy of Work*）分享幾個好方法，值得大家一試，比方關掉通知、設定零數位日、開會不用手機。

設計屬於你自己的作業方式，讓科技成為你職涯的助力！找出最適合你（和你公司）的工作模式吧！

每個人都不一樣，有各自最適合的工作時地。你可能還沒找到理想的工作模式，但你閱讀這本書的過程中，一直有機會思考；等你確認什麼適合自己，才知道要改變什麼。不過，你不可能在一夕之間改變，大多數人都要切割成幾個小步驟，讓自己有機會做到最好，享受每一刻的工作經歷。

1-4 工作的原因

✷追求自我實現

以前的工作只是收入來源，現在的工作還是個性的展現。大家初次見面，總會先問「在哪裡工作」、「做什麼工作」。從這些答案可以看出，你是怎樣的人，你關切什麼。哲學家羅曼．柯茲納里奇（Roman Krznaric）的著作《如何找到滿意的工作》（*How to Find Fulfilling Work*），提到這些日子以來，我們對工作的要求「更高了，不僅想要對世人和世界有貢獻，還想把自己追求的價值付諸實現。」LinkedIn 跟軟體公司 Imperative 一起調查員工的參與感，也有類似的研究結果，48％嬰兒潮世代和 30％千禧世代（Y 世代），把志向看得比薪水和職稱更重要[12]。以後大家初相見，看來要換個問題了，不妨問對方：「為什麼要工作？」

迂迴而上的職涯已成事實，這本書會協助你培養五大技能——超級強項、價值觀、自信、人脈和前景，讓你從今以後，在職場無往不利。

這對你有什麼影響：*找出你工作的「理由」（Why）*

✷ 什麼是你背後的動力和動機？

每次說到職涯，「志向」（purpose）一詞似乎有一點濫用，令人心生誤解。現代人總覺得非做「造福社會」的工作不可。現在想一想，除了拯救世界之外，你工作的原因是什麼呢（但如果你的工作剛好會拯救世界，我們先代替全人類謝謝你）？換句話說，你只要關注哪些類型的工作，讓你做起來特別有動力和動機。本書後續幾章的練習題，也會協助你找到工作的理由，尤其是第三章談到的價值觀，以及第六章談到的前景。這些觀點會幫助你做更明智的職涯決策，專心去追求你最重視的價值，不被高薪、豪華辦公室或亮眼職稱所迷惑。

1-5 全新的工作時代

大家讀完這本書，想必會發現工作的人、物、時、地和原因都不一樣了！這些改變對職涯的影響很大，既然誰也說不準未來十年有什麼樣的工作，不如放棄僵化的職涯計畫！既然不可能提早退休，不如在工作尋求自我實現！現在的職涯只會越來越迂迴，縱然有企業和主管在一旁支持我們，引導我們，但唯獨你自己，能夠培養你稱霸職場必要的技能。

1-6 難題退散，享受迂迴而上

迂迴而上的職涯充滿了機會，但如果不確定自己想做什麼，想往哪裡去，可能會不知所措喔！這本書會幫助你釐清，對你而言什麼是重要的，並且鼓勵你設計一段充實快樂的職涯，跟你一樣獨特。迂迴而上的職涯充滿挑戰，這一路上有多迂迴，就有多險阻，沒關係，包在我們身上！這本書會陪著你走過困境、順境和輝煌的時光。唯有持續學習和成長，才能夠稱霸迂迴而上的職涯。如果你把時間、精力和心力投注在個人成長，絕對值回票價！

本章重點整理

1. 職涯階梯的比喻已經過時了，無法描述現在的工作目標和經驗。
2. 工作的人、物、時、地和原因，全部都變了。
3. 現在可能有五個世代一起工作，「一體適用」的職涯發展策略已經過時了，不切實際。
4. 你的職涯，只有你自己最在乎！反思、自我覺察和持續學習這三件事，做了不一定會「加分」，但不做絕對會「扣分」。
5. 現在職務內容寫了也沒用。每個人接手新職務，都要在不穩定（Volatile）、不確定（Uncertain）、複雜（Complex）和模糊（Ambiguous）的環境中臨機應變。
6. 我們必須改變學習的態度，只求「無所不學」，不求「無所不知」。

7. 朝九晚五的工作時間不復存在。現在雇主和員工都覺得，開放員工自訂工作模式和地點，對彼此都有好處。
8. 設計你自己的「作業方式」。科技是為了讓工作更便利，所以你使用的科技一定要適合你自己和你的公司。
9. 確認工作的「理由」，你會做更明智的決策，更有機會成長和自我實現。
10. 為了稱霸迂迴而上的職涯，必須具備五大技能：超級強項、價值觀、自信、人脈、前景。

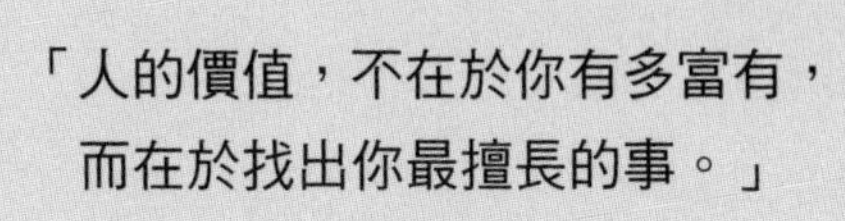

「人的價值，不在於你有多富有，
而在於找出你最擅長的事。」

J・K 羅琳（J. K. Rowling）

ch. 2
超級強項

2-1 什麼是強項？

強項是你的本事。超級強項是你天大的本事，比方寫程式、打好關係，讓老闆想要花錢雇用你，為企業創造附加價值。你在職場有越多時間發揮強項，你的影響力就越大，幸福感也越高。美國績效管理公司蓋洛普（Gallup）發現，有好好發揮自己強項的員工，對職務的貢獻度和參與度是別人的六倍[13]！

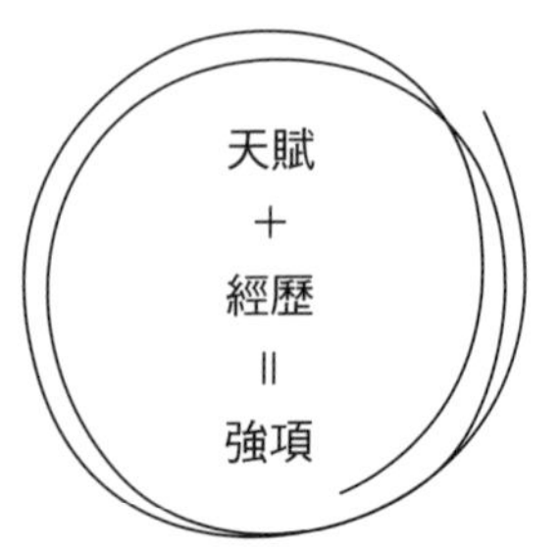

你最近花多少時間探索自己的強項？我們大致知道自己的強項，但是仍要進一步確認有哪些強項，該如何發揮其最大效用。強項不僅僅是你天生擅長的事情（你的天賦），也是你透過人生經歷，後天學習而來的技能和行為。

第二章會協助你發現強項，持續不斷發揮個人優勢，滿懷自信，以適合自己的方式造福社會。

從強項到超級強項

大家都多才多藝，這是一件好事，畢竟現在大部分工作都在考驗適應力，員工只好十八般武藝樣樣精通。可是，第二章只關注超級強項，也就是會讓你脫穎而出，聲名大噪的才能。大家不妨這樣想，超級強項是你不在辦公室時，希望同事和朋友會私下稱讚你的優點。

花八成的時間，強化你的強項，只花其餘兩成的時間，改善拖累你工作的弱點。

什麼是弱點？

大家都有弱點，你、你的主管、知名創業家、執行長、億萬富翁都不例外。沒有人可以倖免，沒有人是完美的。雖然人要知道自己的弱點，但是注意力要放在自己的強項。知名管理理論家彼得·杜拉克（Peter Drucker）說過：「績效是建立在強項之上，而非弱點之上。」所以我們建議你，大約花八成的時間，強化你的強項，只花其餘兩成的時間，改善拖累你工作的弱點。萬事精通其實是一件吃力不討好的事，永遠不可能實現，與其擔心自己的弱點，還不如多花時間，強化自己的優點。

2-2 為什麼迂迴而上的職涯要重視超級強項呢？

探索自己的強項，並且好好發揮，對你有三大好處：

1. 樂在工作

假設你現在三十歲，未來可能還要再工作四十年，如果一直做自己不喜歡的工作，這段時間也未免太長了吧！再來，無論你處於哪一個職涯階段，你跟工作相處的時間，可能比你跟親朋好友相處的時間更多。我們必須重新定義自己跟工作的關係，以前工作只要尚可就行了（馬克·吐溫說：「工作是該避免的必要之惡。」）現在工作還要給我們機會成長和自我實現，何不乾脆趁工作的時候，好好發揮自己的強項呢？研究調查顯示，當我們找到方法來發揮強項，工作的幸福感和滿足感會更高[14]。

2. 引來機會

第一章提及現在的職涯變來變去，換工作、換公司、換產業、換工作類型。認識自己的強項，有助於探索各種職涯前景，你就會知道你的強項適合什麼職務，勇於為自己的職涯做決定。當你開始發揮強項，樂於跟別人分享，你從未想過的大好機會，就會找上門來。

3. 生產力團隊

大家都有團隊合作的經驗，人在職場上，經常要為了不同的專案，同時參與好幾個不同的團隊，就連在工作之餘，做志工、搞副業、辦活動，也有團隊合作的需要。我們團隊合作的能力，只會越來越重要！2019 年 LinkedIn 全球人才趨勢調查發現，團隊合作是雇主最在乎的技能之一[15]，蓋洛普調查指出，一個團隊裡面，大家有機會發揮自己的強項，生產力提升了 12.5%[16]。如果你知道自己的強項，就可以主動找機會發揮，為你的團隊加分。你還可以發現別人的強項（待會再分享海倫的故事），鼓勵人人充分發揮自我。

我們會教大家用四個步驟，發現自己的超級強項，並分享各種祕訣，教大家發揮強項，在人群中脫穎而出，最後還有重點整理，列出第二章的十大重點。

2-3 如何發現你的強項：四大步驟

本章會帶領大家，透過四大步驟，發現自己的強項。這些練習可以在不同的時間或地點反覆操作，因為你的想法會受到環境和心情影響，例如趁上班日的午休時間做，或者等到週末放假，跑到咖啡廳去做，再不然找工作夥伴一起做，約定好下個月，每星期做一個練習，互相討論。

發現你的強項：四大步驟

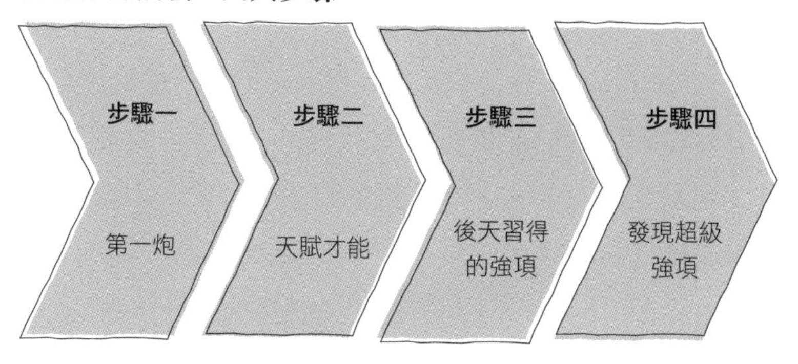

步驟一：第一炮

我們先來玩 60 秒速寫練習。拿一支筆，按下計時鍵，限時 60 秒內，寫好 20 件你拿手的事情。

提示：如果想不出來了，不妨想一想工作以外，你會跟親朋好友一起做的嗜好或活動。

1.	6.	11.	16.
2.	7.	12.	17.
3.	8.	13.	18.
4.	9.	14.	19.
5.	10.	15.	20.

你寫了幾件事？別擔心，沒有幾個人可以第一次嘗試，就洋洋灑灑寫好 20 件拿手事。這個練習給你什麼感覺呢？有些人會侷促不安，光是想著自己的強項，就覺得渾身不自在，更別說還要寫下來。有些人想到要列出自以為拿手的事情，就覺得自戀，有一點自大。有些人從沒想過自己的強項，一時之間根本想不出來。這都是很常見的反應，沒什麼好擔心的，繼續完成接下來的練習。

接下來，寫下你的三個弱點。

1. ______________________________

2. ______________________________

3. ______________________________

你搞不好會覺得這個練習還比較簡單，每個人都是自己最嚴苛的批判者。可是，這次我們要逆向思考（弱點會幫助你找到強項）。每一個弱點的反面，都可能潛藏著強項，例如「不拘小節」的反面，就是「大格局思考」；「虎頭蛇尾」的反面，就是「點子王」。

把你寫出的每一個弱點，轉換成「反面」的強項。

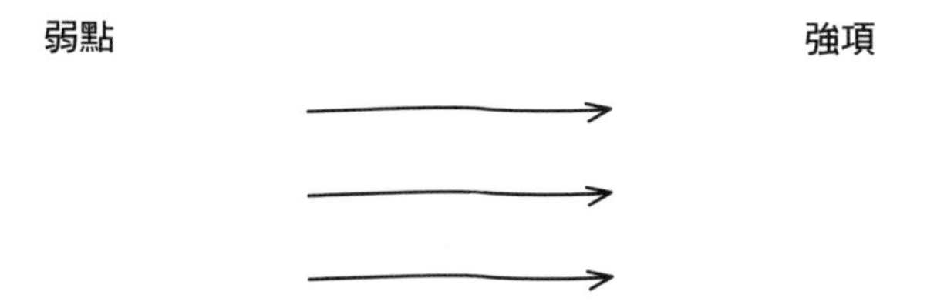

有一點要特別提醒大家，當然不是每一個弱點的反面，都可以馬上聯想到強項，所以會需要橫向思考。如果你想不出反面的強項，下面幾個例子，可以供你參考：

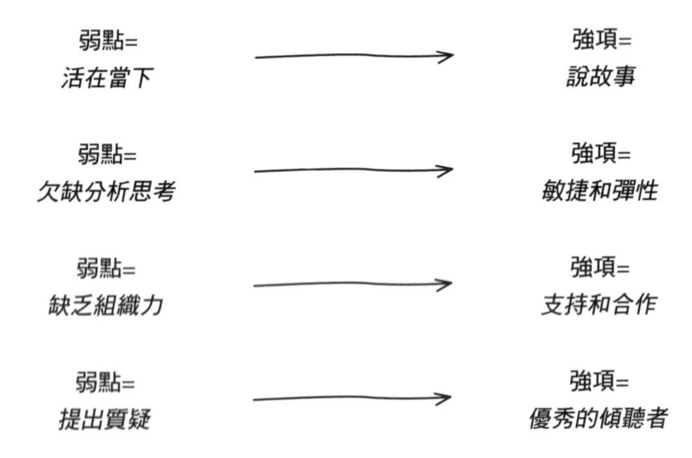

步驟二：天賦才能

現在來發現自己的天賦吧！這是不用刻意學習，你與生俱來就會的事情。天賦是我們的一部分，不經意就會展露出來，比方天性善良、善解人意、有創意和幽默感。我們很容易把天賦視為理所當然，誤以為那只是個性而已，不太可能在職場發揮功用。

下面有一個空白框，寫下你的天賦吧！

我的天賦：第一印象

發現自己的天賦，通常不太容易，不妨詢問你身邊的親朋好友，請他們說說看你有什麼天賦。

行動建議：詢問家人、朋友或同事，請他們用三個形容詞描述你？你大可找更多人，但至少要有三個人，分別跟你維持不一樣的關係。

你可以當面問、寫信或傳訊息。雖然這只是小練習，但工作坊的學員做了之後，大多深受啟發。雖然沒有硬性規定對方要講好話，但對方回覆的答案，99％都會給你鼓勵，真的很不錯喔！

貼心提醒：這個練習還要等別人的回覆，可能比較花時間，不妨趁這段空檔，先做下一個練習，但如果你願意等待，也可以等到別人都回覆了，再進入下一個練習。

寫下你得到的回覆

請用三個形容詞描述我？		
朋友	家人	同事
1.	1.	1
2.	2.	2.
3.	3.	3.

這些人對你的形容，有沒有重疊呢？對方會挑選什麼形容詞，取決於他從什麼管道認識你。例如，跟你一起打球的朋友，可能覺得你「好勝」；但是跟你一起工作的同事，可能會說你「有衝勁」。如果是這種情況，不同生活領域的人，選擇了不同的形容詞，這就是你把強項引進其他領域的機會了。比

方，親朋好友都說你「很有想法」，同事倒沒有發現你的這一面，你搞不好有機會在職場上，成為別人的職涯導師呢！你可能本來就喜歡指導別人，加上富有同理心，樂於傾聽，有幸被你指導的人，可能會獲益良多。

不妨請對方在形容詞後面，補上一小段說明，說不定他們會提到你的光榮事蹟和最佳表現呢！

莎拉也做了這個練習，有了以下發現：

莎拉的家人：媽媽

三個形容詞：堅定、好奇心強、好勝

「我記得你十三歲的時候，打網球受重傷，但你還是咬緊牙關，繼續打下去。你還會跟著爸爸，連續好幾個小時待在沙灘玩遊戲、抓螃蟹。我看見你堅定和有好奇心的一面。」

莎拉的朋友：瑞秋

三個形容詞：獨立、自信、有創意

「你從大學時代開始，就是比別人有自信，走妳自己的路。知道自己想要的是什麼，如果沒有這樣的機會，就乾脆自己創造。你個性獨立，卻願意幫忙別人。你交遊不廣闊，但是跟很多朋友之間的交情卻是極為深厚。」

莎拉的同事：麥特

三個形容詞：周到、焦點明確、冷靜

「周到有兩個含意：一是把別人照顧得很周到，二是把事情想得很周到。你這個人幹勁十足，很清楚自己要何去何從。你語調很溫柔，無論我發生什麼事，只要聽到你說話，就會獲得安慰，平靜下來。」

現在把你親朋好友和同事寫的形容詞，對照你之前自己寫的強項，然後回顧你之前寫的天賦，有沒有哪些字特別吸引你注意呢？重點不在於選字，而在於自我反思。以下關鍵字提供你參考：

成就感	你會主動找事做，把事情完成。	☐
啟動力	你會讓事情成真。	☐
適應力	你對於新資訊和新情勢的應變力很強。	☐
分析力	你擅長提問，讓自己有全盤的理解。	☐

專注力	你會注意小細節。	□
信念	你內心有強烈的意志在引導著你。	□
魅力	你有吸引別人的能力。	□
指揮	你喜歡控制別人和掌控計畫。	□
溝通	你喜歡跟別人分享觀念和想法。	□
競爭心	你一直想著如何拿第一。	□
連結力	你自然而然會跟別人打好關係。	□
脈絡	你總能夠看到大局。	□
創意	你喜歡創造新事物和新概念。	□
發展	你會激勵出別人和工作上最好的一面。	□
紀律	你會建立秩序，按計畫行事。	□
效率	你會有效運用時間。	□
好相處	你有收服人心的能力。	□
同理心	你會理解身邊的人。	□
卓越	你奮力把事情做到最好。	□
聚焦	你會阻絕令人分心的事情，專心達成目標。	□
包容心	你會確保沒有人被排擠。	□
聰明	你永遠是那麼機靈。	□
學習欲	你天生有好奇心，喜愛學習。	□
傾聽	你會專心聽別人説話。	□

數字通	你天生對數字特別敏銳。	□
組織力	你有條有理，擅長整合。	□
正向	你無論面對什麼事，都有滿滿正能量。	□
解決力	你總會在困境中找到出路。	□
韌性	你有復原能力。	□
責任感	你是值得信賴的人。	□
自我覺察	你很清楚自己是怎樣的人，該如何展現自我。	□
策略思維	你知道要採取什麼行動，來實現你期望的未來。	□
主動支持	你總是會陪在大家身邊。	□
提問力	你會深入探討事物的本質。	□

完成步驟二，寫下你的六大天賦。

1. ______________________ 4. ______________________

2. ______________________ 5. ______________________

3. ______________________ 6. ______________________

2-4 海倫的故事：發揮我的強項

海倫的超級強項：打好關係、正能量、協助別人成長

自從 2013 年我們展開「優職」計畫，我一直有機會重複做這些練習。2018 年 1 月，我正在思考職涯的下一步，決定再來做一次天賦探索，亦即剛才跟大家分享的練習題。我打算問兩個人，這兩人認識我的途徑剛好相反，其中一位是我的老朋友凱伊，另一位是我的前同事麥克，我在微軟工作的那段期間，我們曾經共事過。

凱伊見證我各個人生階段，包括叛逆青春期、寒窗苦讀期、職業婦女期、蠟燭多頭燒媽媽期。她說我的精力充沛，「比袋鼠還有活力」、「能屈能伸」。她特別舉了一個例子，說我工作忙了一整天，還幫忙她化解婚禮危機。相形之下，麥克認識我的場合很不一樣，而且我們相處的時間不長，他說我「像老虎一樣，每次出場都活力充沛，正能量滿滿，讓大家如沐春風」。

我對照這兩個人的回覆，沒想到竟然有共通點。他們都強調我的正能量，只是一個人比喻成老虎，另一個人比喻成袋鼠。讓我不禁停下來思考：我從來沒想過，正能量也是一種強項！我始終以為，這只是我的個性，我甚至會刻意壓抑，深怕有損主管的「專業」和「威嚴」。

我突然想到，這個特質對於我擔任的職位，還有我服務的公司，分明是有附加價值，我卻如此輕視它！參考凱伊和麥克的意見，還有我自己後續的反思之後，決定要好好發揮這個強項，刻意在職場展現出來。

從此以後，我面對自己的正能量，不再感到難為情，也不刻意壓抑，反而去擁抱它帶給我的機會。自從我肯定自己這個超級強項，這才發現我最幸福、最成功的工作日，都是我巧妙運用正能量，做出了改變，對別人、專案或會議發揮影響力。

我認識自己的這一面，終於有信心離開微軟，全心全意投入自己的事業——「優職」。我已經花了 18 個月，把正能量貫注在創業上，目前為止，我自己和事業都大有斬獲。

步驟三：後天習得的強項

有一些強項是與生俱來的，不用刻意學習。有一些強項是主動學習而來，必須在工作中不斷努力和練習，這是你出社會之後努力不懈的成果，舉凡採購專業、會計、軟體知識、危機管理或圖形設計。

趁機想一想*你的工作內容*，還有*你的工作態度*。所謂的工作內容，意味著你就業至今，累積了哪些產業（例如零售業、銀行業、消費商品業）和職業（例如行銷、人資和財務）。如果有人要應徵你的職位，那個人必須具備什麼能力呢？所謂的工作態度，意味著你每天用什麼方式完成工作，這些態度，可能適用於各種產業和職業，比方好奇心、組織力、同理心和傾聽能力。

行動建議：下面有兩個空格，左邊寫你的工作內容，右邊寫你的工作態度。例如：工作內容是創意簡報；工作態度是合作。兩個圓圈交疊處可以寫既是工作內容，也是工作態度的項目，如：專案管理。

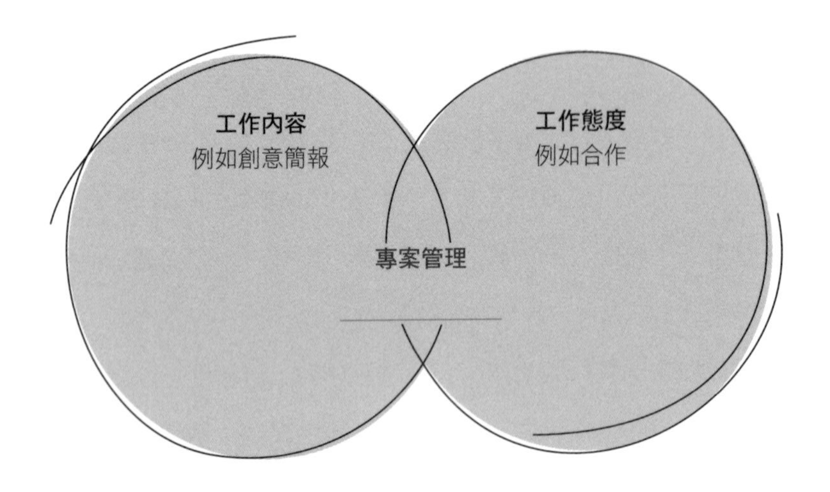

✴ 完成這項練習的祕訣

- **記錄你做過的每一份工作**。翻出你的履歷表，點開你的 LinkedIn 個人檔案，盡可能回想這些年來的職業生涯，累積了哪些工作內容和態度，其中有一些尚未在目前的職務派上用場，雖然暫時用不到，但千萬不要忘了它唷！這項練習最好每隔幾週做一次，每次你回想的時候，都會新增一些內容。
- **盡量明確**。你列出的工作內容和態度，都要有詳盡的描述。工作內容絕對不可以只寫「科技專業」，反而要說明擅長的科技類型，例如 JavaScript、Rubyon Rails、HTML

等。工作態度也不可以只寫「溝通」，你要深入思考是什麼類型的溝通，比方透過簡報來激勵別人，或者透過書寫來影響別人，你也可能同時擅長好幾種溝通模式，盡量分門別類，逐一列舉出來，看了會超有成就感喔！

- **不確定是工作內容，還是工作態度**

有時候你想到某一個強項，不確定是工作內容還是工作態度，沒關係的，這項練習是為了肯定和反思自己的強項，不用太在意分門別類。如果有的強項既是工作內容，也是工作態度，直接寫在兩個圓圈的交疊處，大家看上一頁，我們就列舉了「專案管理」，可能是專案管理的認證或專業，一來擅長敏捷式專案（屬於工作內容），二來擅長組織和整合不同的團隊（屬於工作態度）。

不斷問自己，為什麼擅長特定的工作內容或工作態度，你絕對會想到一大堆原因。舉例來說，你在專案管理有哪些專長呢？答案：*利益關係人管理*、*預算管理*、*發現機會和風險*、*相依性規劃*。這樣仔細想一想，你的強項竟瞬間暴增了五個！

· **工作內容和態度的項目不一定要相等**

你填寫的工作內容和態度，不一定要有多少數目，兩者數目也不用相等。你目前為止的職務和工作經歷，工作內容有可能多於工作態度，或者工作態度多於工作內容，也可能兩者數目差不多，怎樣都沒關係唷！

步驟四：發現超級強項

我們已經探索了天生和後天的強項。現在你知道自己有什麼本事，接下來這個練習題，該來決定你的超級強項了！我們再提醒一次，強項是你的本事，超級強項是你天大的本事。

挑選自己的超級強項，就是在篩選你想讓別人知道你有什麼本事！

做了這些練習，想必你寫了一大堆強項，至於你的超級強項，搞不好就是其中之一；下一個練習會提供你一個實用的框架，幫助你挑選超級強項。接下來，你要考慮四件事，分別是成功率、頻率、能見度和幸福度，區隔出一般強項和超級強項。

行動建議：從你目前為止列出的強項，挑出六個你最有自信，也最有意願深造的強項，依照下列四個標準來評分（滿分十分），把四個分數加總起來。

✷你的評分標準

在你開始之前，先花幾分鐘，看清楚每個評分標準，思考下列問題。

成功率

一旦你發揮超級強項，工作會有進步，附加價值會提高，這一切都會展現在你的職務上，成功的次數和規模皆會有成長。試著列舉大大小小的例子，證明你發揮超級強項之後，手邊的職務獲得哪些成功。

- 我最近六個月內，有沒有靠這個強項獲勝過？列舉兩個例子。
- 這個強項有沒有幫助我，在職場締造新巔峰？

頻率

你要盡量趁工作的時候，多發揮自己的超級強項，最理想的狀況是每天都有機會發揮。

- 我這個強項在這個星期，有幾次實際發揮的機會呢？
- 我在以前或現在的工作有發揮過這個強項嗎？

能見度

你的強項有多麼引人注目呢？如果你想依靠天賦和能力來聲名大噪，當然希望越多人知道你的強項，所以你會逢人宣傳，這個強項對你工作的貢獻。

- 如果直接問別人，「你覺得我有什麼強項」，別人會提到我這個強項嗎？
- 回顧 LinkedIn 個人簡介，自問一個問題：「這個簡介，有助於別人發現我的強項嗎？」個人簡介應該要秀出強項，你曾經完成的工作，以及別人對你的推薦，這三件事最好都要提到！如果你沒有 LinkedIn 檔案，趕快建立一個吧！LinkedIn 不只是找工作的平台，也適合分享工作成果，並且跟你合作過的夥伴保持聯絡。

幸福度

不是每一件本事都會讓我們幸福的！大家要自己主動找超級強項，而非讓超級強項找上你。真正的超級強項，會讓你全力以赴，感到自我實現，對工作充滿熱忱，所以你應該會有滿滿的幸福感！

- 如果你發揮這個強項，你對工作會感到興奮和期待嗎？

・ 這個強項會帶給你滿滿的能量嗎？

✷ 挑選超級強項

	成功率	頻率	能見度	幸福度	總分／40
強項	評分 1～10，你運用這個強項的成功率有多高呢？	評分 1～10，你運用這個強項的頻率有多高呢？	評分 1～10，有沒有很多人看得見你這個強項？	評分 1～10，你發揮這個強項時，有多麼幸福呢？	
1.					
2.					
3.					
4.					
5.					
6.					

✷ 分析你的評分結果

這個練習題沒那麼簡單！最高分的不一定就是超級強項，千萬別貿然下定論，還要深入探討你的評分結果。

我們先來看一看，你幸福度最高的強項，至於其他評分標準（成功率、頻率、能見度）都可以靠後續努力。但如果某一個強項無法令你幸福，你根本不會希望它是超級強項。比方你有組織力的強項，能靠著它獲得一些成就，工作上也經常有發揮的機會，大家都說你有這個長才；但每次你發揮組織力，總會元氣大傷，也不是愛做的事。這樣看來，雖然你有這個本事，但因為你沒有樂在其中，不可能投入足夠的心力，讓它成為你天大的本事，因此它不會是你的超級強項！

✷超級強項的行動方案

等到你發現令你幸福的強項，就要採取實際行動，把一般強項化為超級強項！我們看下面這個例子，有專案管理和創意思考兩個強項。

強項	成功率	頻率	能見度	幸福度	總分／40
專案管理	5	5	6	9	25
創意思考	7	4	4	9	24

這個例子的專案管理強項，令你無比幸福，但是在成功率、頻率和能見度的評分都很低。做自己快樂的事情，只要做的頻率多，能見度夠高，應該會成功的呀！因此不妨先想一想，該如何發揮你的強項（頻率），還有該如何宣傳你的長才（能見度）。

這裡有幾個行動方案，會幫助你提高這四個分數，讓一般強項變身為超級強項！

強項	提高成功率	提高頻率	提高能見度	提高幸福度
專案管理	1. 主動詢問你的同事，有沒有可能在你們團隊達成集體目標時，讓你貢獻專案管理的強項呢？ 2. 主動詢問你的主管，請他建議該如何發揮專案管理的長才，提升你在職場的影響力。	1. 想一想公司內部有沒有什麼問題，可以憑藉你的專案管理能力來解決？ 2. 有沒有同事想要提升專業管理能力？也許你可以指導他。	1. 更新你的LinkedIn檔案，特別在簡歷提到專案管理長才，以及其對職務的附加價值。 2. 每個月定期舉辦「專業管理基本功研習」，開放同事參加。	1. 認識志同道合的人，大家都對專案管理有興趣（增加線上和線下見面的機會）。 2. 建立兩個學習目標，精進這方面的技巧，比方找到值得閱讀、觀看和聆聽的內容，帶給你靈感和挑戰。
創意思考	設定目標，這樣你才有評估標準，知道自己在未來一週、一個月或數個月，有沒有成功發揮這項長才；制定計畫，幫助你完成目標。	1. 想一想公司內部有什麼專案，可以發揮你創意思考的長才？自告奮勇為自己的團隊，舉辦創意思考的工作坊或午餐會。 2. 想一想有什麼志工組織或副業，可以發揮創意思考的長才？	1. 徵詢主管的意見，看能不能在團隊裡發揮你的強項。 2. 寫部落格，分享你在職場如何發揮創意思考。	在你所處的產業和專業以外，尋找三位創意思考人士，向他們取經。

你正在把你挑選的強項，化為超級強項。花一點時間，寫下你最近新發現的超級強項，好好想一想！

✷你有找到適合的工作嗎？

當你發現自己想要展露的強項，目前的工作苦無機會發揮時，最好停下來認清現實，現在這份工作可能不適合你！有很多行動方案，都可以幫助你在目前的職位發揮長才，但如果你的工作就是用不到你的超級強項，大概是你的能力不適合你的工作。有了這個覺悟，雖然不代表你要立刻採取行動，但確實要好好想清楚，有沒有其他職務更需要你的長才。

現在你知道自己的超級強項了，那就要盡量展露出來，一眼就讓人看見。第二章最後一個部分，我們會建議幾個務實的行動方案，讓你立刻採取行動，盡可能發揮你的強項！

2-5 展露你的強項，從人群中脫穎而出

針對你的強項，徵求大家的意見

「請問我什麼時候表現得最好？」

這裡有一個簡單、直接又有效的問法，單刀直入，直接跟別人確認清楚，你的強項是否發揮正面影響。不妨定期詢問你共事的夥伴：「請問我什麼時候表現得最好？」

如果想聽到更明確的答案，不妨換個方式問「這項專案有什麼地方，最需要我效力嗎？」或者「這個月我有表現特別好的時候嗎？」這些問題只是在詢問你的強項，並不用刻意跟對方討教，該如何提升自己（關於徵詢別人的意見，第六章的「大有可為的技能二：給意見」有更多內容）。

超級強項的閃電約會

這是我們工作坊經常做的練習，最好有六個人以上。大家各找一個搭檔，跟對方分享自己的強項，訴說在目前的職務上，這個強項發揮什麼功用，然後再另外想一個功用，對方也

會如法炮製的練習。接下來，換一個新搭檔，重複練習，但是這一次，還要再另外想一個新功用。這有兩個好處，一來你會更有信心，大聲說出自己的強項，二來鼓勵你腦力激盪，聯想這個強項對你目前職務的用處。

這個練習有一個祕訣：切忌使用「畏畏縮縮的詞語」，例如「我***還滿***拿手的」、「我***覺得***我擅長⋯⋯」、「***別人說***我擅長⋯⋯」。大家做第一輪練習時，難免會尷尬，但是到了第三輪或第四輪，每個人都會越來越自在。最後，我們會讓每個人到台前，分享自己的超級強項，學員起初會擔心有一點尷尬，但是久而久之，大家都樂在其中，這還有一個好處，那就是鼓勵大家去欣賞彼此的強項。

工作重塑（Job Crafting）

你有多久沒注意你的職務內容了？一般人只有在應徵工作時才會注意吧！大部分職務都要我們臨機應變，每天有不同的工作內容，也難怪大家不太注意職務內容。無論是你或你的老闆，都應該找機會做件事：***工作重塑***，依照你本人、你的強項、你公司的要求，重新形塑你的職務內容。這件事不可能靠你自己獨力完成，有很多事情都是主管說了算。如果你發現有一個調整職務內容的機會，以便你發揮強項，最好跟主管聊一聊你的強項，你打算怎麼發揮，為你的團隊加分。

工作重塑並不是願望清單，不可能只挑你想做的，無聊事就擱在一旁，所以應該想一想，怎樣對你和你的團隊才是最好的安排！

大家記住了，工作重塑這件事，不太可能開會一次就定案，畢竟要花時間調整職務內容，加上會影響其他同事，或者要等待合適的專案。

工作之餘的副業／做志工

白天工作之餘，盡量找機會發展你的強項。如果你的終極目標是要在工作創造最大價值，當然不用再另外從無到有，利用私人時間搞副業，而是直接趁工作的時間，自告奮勇到公司其他團隊服務，或者參加外面的志工團體，讓你有機會換個新環境發揮強項，展露給更多人看，並且向別人學習（參見第七章的「我該在工作之餘從事副業嗎？」）。

社群媒體

你的強項一定要到處宣傳，無論是 LinkedIn 簡歷，或是你專為工作設置的 Facebook 專頁，絕對要把你的強項寫清楚。認真想一想，你在回應貼文或分享文章時，該如何透過線上互動展現自己的強項呢？未來的老闆在 Google 搜尋你時，可能會找到什麼資料呢？他點了你的幾筆資料，會不會發現你的強項呢？

本章重點整理

1. 強項是你的本事，超級強項是你天大的本事。
2. 花八成的時間，強化你的強項，只花其餘兩成的時間，改善拖累你工作的弱點。
3. 強項包括天賦，還有後天習得的經驗。
4. 天賦是你不用刻意學習，與生俱來就會的事情。一般人容易把天賦視為理所當然，誤以為那只是個性而已，不可能在職場發揮功用。
5. 徵詢家人、朋友和同事的意見，請他們用三個形容詞描述你，因為旁觀者清。
6. 後天習得的強項包括工作內容（你在這個產業和行業必備的知識和專業）和工作態度（你做事的行為）。
7. 你主動挑選超級強項，透過四大評分標準（成功率、頻率、能見度、幸福度），來區隔一般強項和超級強項。

8. 想一想，你希望自己不在場的時候，別人會怎麼描述你。
9. 針對你的強項，徵求大家的意見：「我這個星期有什麼最佳表現嗎？」這會確保你的影響力與你的正向意念不謀而合。
10. 採取實際行動，把強項展現出來，在人群中脫穎而出，例如工作重塑、工作之餘的副業、找大家一起做強項練習、修改你的線上簡歷。

「我發現了，只要我堅持自己的信念和
價值（跟隨我內在的道德羅盤），
我要做的就只有不辜負自己的期望。」

蜜雪兒・歐巴馬（Michelle Obama）

ch. 3

價值觀

3-1 什麼是價值觀？

努力認識你的價值觀，你才會依照你的動機和驅力（而非別人的期許或要求），做出更明智的決定。

價值觀是一套特殊的態度和信念，在背後激勵並驅動著我們，這是你之所以為「你」的原因，不妨看成你職業生涯的 DNA。價值觀是「你」重要的一部分，雖然有一點模糊和抽象，但你可以採取實際行動，主動發掘你心中的價值觀，落實在每天的工作上。本章會教你怎麼做。

3-2 為什麼價值觀對於迂迴而上的職涯很重要？

認識你的價值觀及其跟工作的關係，對你有三個好處：

1. **在工作忠於自我。**

你可能有聽過「希望員工把『完整的自己』帶到這份工作來」，這意味著你工作的時候，還是在做你自己，不用演戲，也不用假扮成別人。這對於你和老闆都有好處，因為「假裝」本身就很耗體力，還不如把體力花在有用的工作上。如果你可以從工作中活出自己的價值觀，你絕對會更自在、更自信、更有生產力！現在我們工作的年限拉長了，還要跟更多人一起共事，如果在職場和私下判若兩人，想必會影響職場的人際關係和幸福感。

2. **培養同理心**

同理心就是設身處地，從別人的觀點看事情，像我們兩個人就經常跟同事一起玩價值觀的練習，大家意想不到的是，自從得知同事的價值觀，竟然比以前更了解同事了。

當同事之間互相了解，做起事來會更積極，更同心協力，共同克服之前解決不了的難關。

3. 做出更明智的決定

一輩子在職涯要做無數的決定，決定要參與什麼專案，應徵什麼職務，投入什麼產業，何時換跑道。換跑道這件事，現在越來越普遍了，將近五成的人都曾經想過換跑道[17]。艾蜜莉雅・卡門（Amelia Kallman）堪稱換跑道達人，她本來在美國當演員，後來到上海闖歌廳事業，現在又到倫敦當趨勢預言家、演講家和作家。她談起自己迂迴的職涯：「我始終充滿好奇心，喜歡跟人相處，我熱愛想像各種可能性。職涯每一個階段，都會帶給我新的功課，讓我更清楚自己是什麼樣的人，我想成為怎樣的人，我想過怎樣的人生。」

做決策的時候，最好用價值觀過濾選項，才不會被「閃亮亮的東西」給誘惑了，例如高薪、職稱或豪華辦公室。這些誘惑會帶來短期的滿足，但是絕對比不上一個貫徹價值觀的大好機會。做決策，盡可能以自己的價值觀為依歸，才不會受制於別人的期待或要求，反之會做出正確的決定。職涯發展有一句老生常談：「專注於旅途，而非終點」。現在的職涯毫無終點可言，我們這麼說不是要你忽視未來（第六章會提到未來的前景），只是建議你在職涯的道路上，把自己的價值觀當成羅盤，引導你做每一個決策和行動。

3-3 價值觀是怎麼定型的？

價值觀，是我們從童年到成年持續養成的。價值觀定型的過程中，勢必會經歷三個階段：海綿期、模仿期、叛逆期。

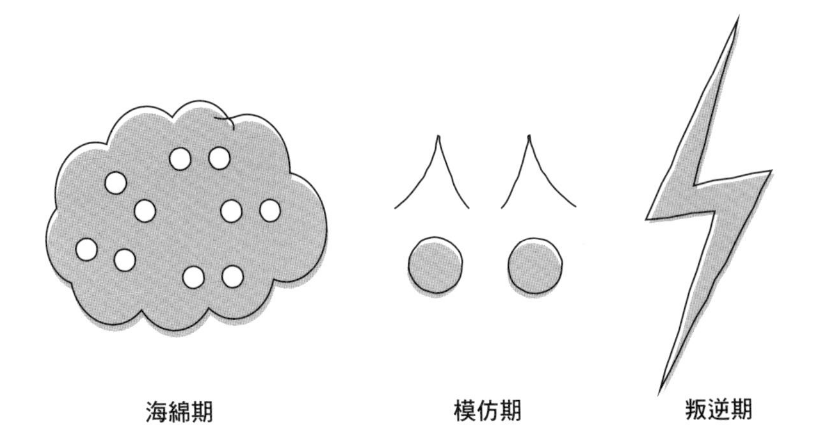

價值觀定型三階段

從出生的那一刻起，我們就開始形成價值觀了，也就是海綿期，又有「銘印期」之稱，大約持續七年[18]。小時候會盡量吸收周圍的一切，對於所有的經驗照單全收。我們也是在這時候學會是非觀念，加上年紀小，受到父母和主要照顧者的影響很大。

接著進入模仿期，又稱「形塑期」，介於八歲至十三歲之間，這時候會多嘗試不同的人格特質和行為，複製並模仿我們身邊有魅力的人，例如老師、手足、同學。

後來進入青春期，我們開始叛逆，多嘗試自己相信或在乎的事，到了這個人生階段，我們握有更多選擇權，可以選擇跟誰在一起，花時間做什麼事情。我們受到朋友、同儕、非人際消息來源（例如媒體）的影響越來越大，尤其是為了證明自己和同儕是「同一國的」。叛逆期可能會導致個人衝突，推翻我們從小建立的是非好壞觀念。

價值觀會在二十出頭歲左右定型，從此左右我們的行為和幸福感。大多數人恐怕一時之間，也說不出自己的價值觀，如果你也不太熟悉，別在意，我們工作坊很多學員也是這樣。就我們的經驗，大家要花一點時間，才會熟悉自己的價值觀，但這件事絕對值得做！如果你想掌握自己職涯的幸福和成功，絕對要認清自己的價值觀，你會有天翻地覆的蛻變。這三章的練習就是很棒的工具，都在幫助你探索價值觀，我們希望你能夠反覆做練習，在採取實際行動，開創迂迴而上的職涯期間，不時透過這些練習題，深思熟慮。

3-4 指導原則

有幾個原則先謹記在心，再來做價值觀的練習題！

1. **核心價值**

   每個人所在乎的原則，通常有好幾個。這本書只要求大家，找出自己重視的核心價值，大約三至五個。核心價值是你最重視的價值，對你而言，比其他事情更重要！

2. **價值觀沒有是非對錯**

   當你開始思考自己的價值觀，難免會陷入是非評斷；千萬不要這樣，價值觀並沒有高下之分。一個重視公平的人，並不會比重視成就的人更高尚，或者更低劣！價值觀沒有「對」「錯」之分。探索價值觀的練習，關鍵在於對自己誠實，勇於面對你重視的價值。記住了，如果你跟大家一起做練習，不要互相批評。

3. 價值觀有正反兩面

價值觀是你內在的驅動力，有時候會害你不幸福，過得很辛苦。假設你其中一個核心價值是誠實，你做人可能會太誠實，不經意傷了別人的心，或者有時候情況不允許，你不可能實話實說，因而灰心喪氣。由此可見，每一種價值觀都有正反兩面，有了這種覺悟，你就明白自己對別人的影響。價值觀絕非你行為不檢點的藉口，但至少你可以跟別人解釋，什麼是你重視的價值，為何你有這樣的感受。當你理解自己和別人的價值觀，彼此之間那道藩籬就消除了，反而會搭起了橋梁。

4. 人生的價值觀

你不可能上班有一套價值觀，下班又有另一套價值觀吧？價值觀是你之所以為「你」的關鍵，無論你身在什麼場合

（這本書把場合設定在職場，因為我們的主題是迂迴而上的職涯）。既然人在職場要活出自己的價值觀，生活才會幸福，家庭生活也是如此，當然也要活出自己的價值觀。接下來，莎拉會分享自己的故事，你讀完之後，一定會深有感觸，大家務必要在各種場合，重複做本章的價值觀練習，這會帶給你新的觀點，也會加速自我覺察。

5. 時間的淬鍊

第三章的練習題會盡量幫助你，認識自己的價值觀，落實在生活中的各個層面。不過，你不可能試一次就成功，我們也是花了好幾年，充分反思和修正自己的價值觀。雖然要花一些時間，但過不了多久，你就會見識到做這件事的好處！

職涯的終點不復存在，價值觀會是你永遠的羅盤，指引你做任何決策和行動。

3-5 認識你的價值觀

接下來會做五個練習，確認你自己的核心價值。

1. 反思
2. 聚焦
3. 掃描
4. 排序
5. 界定

步驟一：反思

回顧你出社會至今的職涯經歷，多少可看出一些端倪，得知你在職場重視哪些核心價值。做這種練習，也會得知心目中對於職涯的理想元素（一份好工作的必要條件）和 NG 元素（你會極力避免的情況）。以下範例，不僅列出職涯的高低起伏，還特別在旁邊註明，為何這段時期感到得心應手，那個時期卻不如己意。

先畫出你自己的**職涯紀錄圖**，回想第一份工作，當時的工作內容是什麼呢？有什麼感受呢？把感受記錄在下一頁，寫下在這個職務的各種情緒，以及觸發這些情緒的原因。比方，你感到幸福是因為你的團隊活力十足，點子一大堆，主管也賦予你不少自由。你也可能感到挫敗，因為你覺得工作缺乏意義，或者工作步調太慢了。

職涯紀錄圖

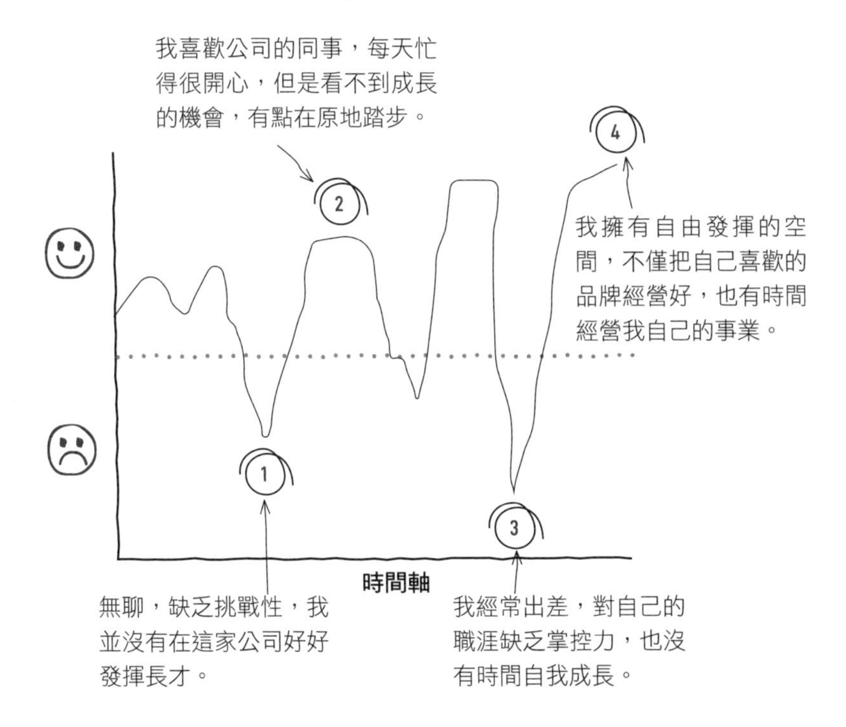

時間軸

回顧你職涯的每一個階段，想一想你印象特別深刻的行動、改變和時刻，不放過任何情緒的高點和低點，花時間回想你當時的感受，深究背後的原因，你會畫出一條情緒起伏線，訴說你的心情點滴，這些訊息會不經意透露出你的價值觀。

先來看你職涯中的情緒高點。有沒有發現哪些字或主題反覆出現呢？不妨換個時間軸，重做這個練習，比方先回顧目前為止的職涯歷程，再放大你最近兩年，或者聚焦於你目前的職務，又或者只看最近一個禮拜，記錄你每一天的情緒高低起伏。本書最後附了幾頁筆記區，方便你重複練習。

行動建議：從你畫好的職涯紀錄圖（你可能畫了好幾張圖），確認對你而言，一份好工作的三大理想元素，以及一份壞工作的三大 NG 元素。

三大理想元素

☺ *例如：一定要有機會學習和成長。*

☺

☺

☺

三大 **NG** 元素

☹ *例如：一直在出差。*

☹

☹

☹

這個練習會大致透露你的價值觀。想必你會發現，你職涯最開心的時刻，通常是你貫徹價值觀的時候；反之，你職涯最挫敗或無力的時刻，通常是你的價值觀受到挑戰，或者蕩然無存的時候。

步驟二：聚焦

如果突然問自己：「我的價值觀是什麼？」你想必會不知道怎麼回答吧，所以要換個方式問：「對我而言，重要的是什麼？」這個問題明確多了，會幫助你想出那些反覆浮現，對你確實有意義的字。你回答這個問題之前，拆解一下問題，試想不同的情境，找出對你重要的人事物。

對你重要的人事物：

1. 跟你共事的人？
2. 你的工作內容？
3. 你效命的組織？
4. 你工作的環境？

回答這幾個小問題，在下面的空格記錄你的初步想法。

對你重要的人事物：	
人	
工作內容	
組織	
環境	

每個人的答案都不一樣，因為大家有各自的信念和感受。有些人希望自己服務的組織是家喻戶曉的大品牌，但有些人就是喜歡小公司，例如新創企業。不妨注意看你初步的答案，以及每一個空格分別寫了多少，比方你把工作內容看得比人、組織、環境更重要，或者你對於工作內容不設限，倒是很在乎跟你共事的夥伴。

步驟三：掃描

現在要開始發掘你的價值觀了！從下面這些名詞，挑幾個對你而言重要的字。

行動建議：一眼掃過名詞表，圈出你特別有印象的字；挑選出來的詞語，是你特別有共鳴的詞語。這張名詞表並不完整，所以只是一個起點，如果你有想到其他詞語，可填在下頁的空格。

接納	平等	正義	隱私
成就	卓越	善良	進步
欣賞	期待	知識	目的性
權威	聚焦	學習	理性
歸屬	自由	邏輯	互惠
能力	友誼	忠誠	尊重別人
挑戰	樂趣	意義	責任
選擇	成長	正念	常規
控制	和諧	中庸	安全
勇氣	健康	新穎	自尊
創意	助人	服從	靈性
好奇	誠實	開放	穩定
決心	榮譽	秩序	成功

紀律	包容	合作	寬容
多元	獨立	熱情	變化
效率	沉浸其中	平靜	遠見
活力	影響力	禮貌	財富
熱心	智力	權力	智慧
以下的空格，任意填上你想到的名詞			

步驟四：排序

前面三個練習，一直在思考，什麼會令你快樂工作？你最在乎什麼工作環境？哪一個「價值觀」跟你最有共鳴？這些答案會激勵你做下一個練習，排序你最重視的價值觀。接下來，從一大串你所重視的價值，挑選出幾個核心價值觀。

行動建議：做下一個練習之前，先回顧前三個練習，你收集到哪些答案，從中挑選十個你最心儀的價值觀。

回顧你寫下來的答案，挑選十個你最有感覺的詞語。如果有太多字要選了，不妨把類似的詞語另外挑出來，比方你寫了學習和成長，還寫了「知識」，對你來說，可能意指同一件事，那就把三個詞語寫在一起吧，變成「學習／成長／知識」，待會還有修改的機會，暫且先這樣寫，別擔心「恰不恰當」。

把你最有感覺的十個詞語，填在下面的表格：

	可能的核心價值觀	你的價值觀排序
1		
2		
3		
4		
5		
6		
7		
8		
9		
10		

接下來，回答下列問題，找出你最重視的價值觀，為這些核心價值排序，你務必按照我們指示的順序做，千萬別搞錯流程唷！下面有一個範例，你看了就知道怎麼做了。

✴ 行動一

想一想你填寫的第一個詞語和第二個詞語，哪個詞語對你比較重要呢？若是下面這個例子，「自由」和「活力」哪一個比較重要呢？在那個詞語右邊空格打勾。

可能的核心價值觀		你的價值觀排序
1	自由	√
2	活力	
3	成長	
4	成就	
5	樂觀	
6	欣賞	
7	友誼	
8	關係	
9	開放	
10	成功	

現在換成第一個詞語和第三個詞語，哪個詞語對你比較重要呢？以這個範例來說，「自由」和「成長」哪一個比較重要呢？在那個詞語的右邊空格打勾，如果你還是選擇「自由」，

現在「自由」就會累積兩個勾。繼續問你自己，哪個詞語比較重要，現在是第一個詞語跟第四個詞語比較，再來是第一個詞語跟第五個詞語比，一直重複做下去，直到第一個詞語跟其他詞語比較完畢。最後，你會獲得下面這張表格（如果你也是填滿十個詞語，現在應該會打了九個勾）。

可能的核心價值觀		你的價值觀排序
1	自由	√√√√√
2	活力	
3	成長	
4	成就	
5	樂觀	√
6	欣賞	
7	友誼	√
8	關係	√
9	開放	
10	成功	√

✴ 行動二

現在換第二個詞語（這個範例是「活力」），開始跟其他詞語比較。問一問自己，第二個詞語跟第三個詞語（「活力」

和「成長」），哪一個比較重要？在那個詞語的右邊空格打勾，然後再比較第二個詞語和第四個詞語，第二個詞語和第五個詞語，第二個詞語和第六個詞語，直到第二個詞語跟第十個詞語比較完畢。

✷行動三

現在換第三個詞語，開始跟第四個詞語至第十個詞語比較。到了最後，你會比較第九個詞語和第十個詞語。

等到每個詞語都比較完畢，你會得到下面這張表格，總共打了 45 個勾。

可能的核心價值觀		你的價值觀排序
1	自由	√√√√√
2	活力	√√√√√
3	成長	√√√√√√
4	成就	√√√√√√√
5	樂觀	√√√√√
6	欣賞	√
7	友誼	√
8	關係	√√√√√√√
9	開放	√√
10	成功	√√√√√√

下面這張圖表很有用！可以協助你依序完成比較，以免漏掉任何一個詞語。

重要性比一比！									
詞語 1	詞語 2	詞語 3	詞語 4	詞語 5	詞語 6	詞語 7	詞語 8	詞語 9	詞語 10
1 比 2									
1 比 3	2 比 3								
1 比 4	2 比 4	3 比 4							
1 比 5	2 比 5	3 比 5	4 比 5						
1 比 6	2 比 6	3 比 6	4 比 6	5 比 6					
1 比 7	2 比 7	3 比 7	4 比 7	5 比 7	6 比 7				
1 比 8	2 比 8	3 比 8	4 比 8	5 比 8	6 比 8	7 比 8			
1 比 9	2 比 9	3 比 9	4 比 9	5 比 9	6 比 9	7 比 9	8 比 9		
1 比 10	2 比 10	3 比 10	4 比 10	5 比 10	6 比 10	7 比 10	8 比 10	9 比 10	

✷ 行動四

計算每個詞語的打勾數，寫下你打勾數最多的四個詞語。

核心價值觀一：____________________

核心價值觀二：____________________

核心價值觀三：____________________

核心價值觀四：____________________

✶ 艱難的選擇

我們做最後一個練習之前，先花一分鐘，回想你剛剛比較的過程。你可能會發現，某一些組合特別難以抉擇，通常是因為那兩個核心價值觀，剛好都是你特別重視的。

再不然就是那兩個詞語的意義，對你而言太相似了。還記得我們先前列舉的例子嗎？我們把「成長／學習／知識」三個詞語合起來，而不是拆成三個詞語做比較。如果你的表格有三個詞語特別相似，你在排序的過程中，分數恐怕會不夠集中，以致你真正的核心價值觀，反而淪為最後一名，因為分數都分散掉了。一旦你發現有兩個詞語或三個詞語，對你而言意義太相似，不妨合成一個詞語，以斜線隔開，例如「成長／學習／知識」，然後再補滿十個詞語，重複做一次練習。每當你有需要，隨時可以回來做練習，試著填上不同的詞語，或者把幾個詞語合在一起，或者把這些詞語拆開，試試看會有什麼結果。

✶ 有些詞語只累積幾個勾，或者沒有半個勾

這不代表它對你毫無意義。反之，這些詞語當然對你有意義，只是稱不上你的核心價值觀。

步驟五：界定

找出核心價值觀，是一件超級重要的事。把每個核心價值觀的定義想清楚，也同樣重要唷！你必須說得出每個核心價值觀對你有什麼意義，否則別人就會捷足先登取得詮釋權了。比方，「尊重」這個詞語有很多意義，可能是「別人重視我的知識和貢獻」，也可能是「理解每個人不同的看法和觀點」。相同的詞語，卻有不同的解讀。你跟別人分享自己的核心價值之前，一定要先問過自己，一來確認你有哪些核心價值觀，二來確認這些價值觀各別的涵義。

先填上你四個得分最高的核心價值觀；每一個核心價值觀，花一分鐘的時間，填下你心目中最合適的定義。寫定義這件事，聽起來好難喔，所以不要給自己太多時間多想，只要一分鐘就好了，立刻動手去做。在這一分鐘之內，靠直覺想出來的東西，絕對會超乎你想像！

✷ 大考驗：一分鐘內寫出定義來！

核心價值觀一：＿＿＿＿＿＿＿＿ 我的定義是 ＿＿＿＿＿＿＿＿＿＿＿＿＿＿

＿＿＿＿＿＿＿＿＿＿＿＿＿＿＿＿＿＿＿＿＿＿＿＿＿＿＿＿＿＿＿＿＿＿＿＿

核心價值觀二：＿＿＿＿＿＿ 我的定義是 ＿＿＿＿＿＿＿＿＿＿

＿＿＿＿＿＿＿＿＿＿＿＿＿＿＿＿＿＿＿＿＿＿＿＿

核心價值觀三：＿＿＿＿＿＿ 我的定義是 ＿＿＿＿＿＿＿＿＿＿

＿＿＿＿＿＿＿＿＿＿＿＿＿＿＿＿＿＿＿＿＿＿＿＿

核心價值觀四：＿＿＿＿＿＿ 我的定義是 ＿＿＿＿＿＿＿＿＿＿

＿＿＿＿＿＿＿＿＿＿＿＿＿＿＿＿＿＿＿＿＿＿＿＿

試著用你適合的方式，訴說你的核心價值觀，如此一來，別人會明白你奉行什麼價值觀，就會幫助你活出這些價值觀。

寫定義的練習還有其他好處。有時候你寫出來的定義，說不定其中有哪個詞語，讓你特別有共鳴。假設你起初寫了「自由」，後來你定義為「盡情選擇自己想過的生活和職涯」，你反倒覺得「選擇」這個詞語更契合你。這是一段反覆修改的過程，你不可能立刻得到完美的核心價值觀清單，不妨經常重複做這個練習，一邊反思，一邊調整。

3-6 莎拉的故事：價值觀的價值

莎拉的核心價值觀：成就、點子、學習、變化

我決定活出核心價值觀的那一刻，我的人正在倫敦金融區，金絲雀碼頭站一棟 31 層摩天大樓。我在第 24 層樓，大約早上 9～10 點鐘的時候，有人給我核心價值的練習題，我想趕快結束這件事，因為緊接著又是忙碌的一天。

我用心篩選自己的核心價值觀，得出四個核心價值觀：成就、進步、報償和競爭。拍板定案！

後來我跟主管見面，得意洋洋的跟她分享，報告我最後得出的核心價值觀，她停頓一下，對我說：「你確定這些是你的核心價值觀？我倒覺得這些不是妳的全部，你可能還要再花時間想清楚。」我根本沒想到主管會這麼說。我可是好不容易，才在百忙之中擠出時間做練習，原本以為會聽到口頭的「讚美」。

最後，我只好硬著頭皮重做一遍。這一次，我換了場地，到蘇活區的咖啡店做了同一個練習題，喝了好幾杯拿鐵，終於得出我的核心價值觀：學習、好奇、發展、教練。

我超訝異的！我在金絲雀碼頭站和蘇活區做出來的結果，簡直判若兩人！

一定是我哪裡做錯了！我回去找給我練習題的人，請她再解釋一次題目。她說：「你的做法沒有錯，只是你看待『價值觀』的心態錯了」。她坦承她自己也花了 15 年時間，持續思索她自己的核心價值觀，其中有四個核心價值觀是確定的，但唯獨第五個核心價值，始終猶豫不決。

這次談話是我人生重要的轉捩點！我終於明白，個人發展和專業發展根本不是我追求的價值。

至今，我已經思索核心價值觀八年多了，直到最近一年半，才總算確定我的三個核心價值觀（成就、點子、學習），加上第四個核心價值觀「變化」。在我反思和認識自己核心價值觀的過程中，對我職涯各個層面都造成了影響，例如我會更願意做勇敢而正確的決定（比方在升職的時候，提出兼職的決定），或者接任新工作時，也會透過核心價值觀來自我介紹。

3-7 活出你的核心價值觀

為了主動活出你的核心價值觀，你必須先確定行動方案。下列三件事會幫助你思考、發展和活出你的核心價值觀：

1. 持續反思你的核心價值觀。
2. 努力活出你的核心價值觀。
3. 認識其他人的核心價值觀。

我們會針對這三件事，分別舉兩個例子，再想一想，什麼是你最佳的行動方案。你可以直接採納我們的建議，或者想出其他的行動方案。

1. 持續反思你的核心價值觀

記憶力測試：每隔一個禮拜，趁寫日記的時候，回想你有幾個核心價值觀，不要急著翻閱你上次的練習！有哪些價值觀浮現在你腦海中？為什麼你會記得呢？為什麼你會忘記呢？有哪些核心價值觀是你確定的，有哪些還在猶豫不決？趁此機會，做排序練習吧。

職涯線索：重複做第 93、94 頁的練習，確認你心目中職涯的理想元素和 NG 元素，這次你只要鎖定最近一個星期，回顧你每天下班後的情緒狀態，記下情緒高點和低點，確認你有沒有活出核心價值觀。

你的行動：

2. 努力活出你的核心價值觀

工作重塑：想一想你目前的工作，有沒有可能調整一下，幫助你活出自己的核心價值觀。如果真的調整了，對於你和公司有什麼好處呢？比方，如果你覺得創新很重要，不妨詢問主管，每星期是否能夠撥一成的時間，任由你去嘗試新的專案。

選擇：下次你面對新專案或新機會，心裡拿不定主意時，不妨以你自己的核心價值觀為衡量標準，為每個選項逐一評分，最高分是十分，想一想你每個選項，跟你的核心價值觀有多麼契合？

你的行動：

3. 認識其他人的核心價值觀

對你而言，什麼是重要的？有沒有哪一個專案，你一直使不上力呢？找機會跟你同事聊一聊，了解這個專案對他們有什麼意義。你聽了同事的回答，有沒有看出同事的核心價值觀呢？

主管：找機會分享你的核心價值觀，例如一起開發展會議或審查會議的時候，你可以拋磚引玉，主動分享自己的核心價值觀，或者特別重視的工作事項，也許你的主管也會共襄盛舉。或者，跟主管提議，特地舉辦核心價值觀分享會，讓大家多認識彼此一點。

你的行動：

3-8 探索價值觀

探索價值觀的過程，你可能會改變很多！價值觀不是很明確的東西，大家也不太花時間想清楚，因此每當工作坊舉辦探索價值觀的練習，往往是「恍然大悟」的時刻。

學員頓時從不同的觀點看事情，重新認識自己，對自己有更深的理解。大家不可能光憑一次工作坊，就認清自己的核心價值觀！但是，只要肯花時間，絕對會找到自己的核心價值觀，自由自在的跟別人暢談。現在立刻使用第三章的工具吧，永遠不嫌晚！

很多小行動都有立竿見影的功效，帶給你更幸福的職涯人生。找到你的核心價值觀，在每天工作的時候，澈底活出這些價值觀，絕對是你創造專屬職涯，非做不可的一件事！

本章重點整理

1. 價值觀是你之所以是「你」的原因，在背後激勵你，驅動你。
2. 價值觀形成的過程，分成三個階段：海綿期、模仿期和叛逆期，大約在二十歲左右，價值觀會定型。
3. 探索自己的價值觀有三個好處：一是在職場做自己；二是運用洞察力和同理心，跟別人建立穩固的關係；三是憑藉價值觀的引導，做更明智的決策。
4. 每個人大約有三至五個核心價值觀。核心價值觀是你最強大的動機，也是自始至終最重視的東西。
5. 你會用一套核心價值觀，貫徹在人生各個層面，包括工作和家庭生活。價值觀並沒有是非對錯，並沒有優劣之分。

6. 價值觀有正反兩面，所以要學會在職場上，發揮核心價值觀的正向貢獻，盡量提升你自己的影響力。
7. 你心目中職涯的理想元素和 NG 元素，透露了你心中的核心價值觀。
8. 一旦核心價值觀界定清楚了，你會更懂得在別人面前，把自己的核心價值觀表達出來。
9. 試著理解同事的核心價值觀，這樣建立起來的工作團隊，會有深厚的同理心和信任感，還會營造出一個安心的環境，讓大家自在做自己。
10. 在職場活出核心價值觀，絕對是人生非做不可的事！每隔一段時間，記得審視和評估你的核心價值觀及其定義，確認是否跟你的心意相符。

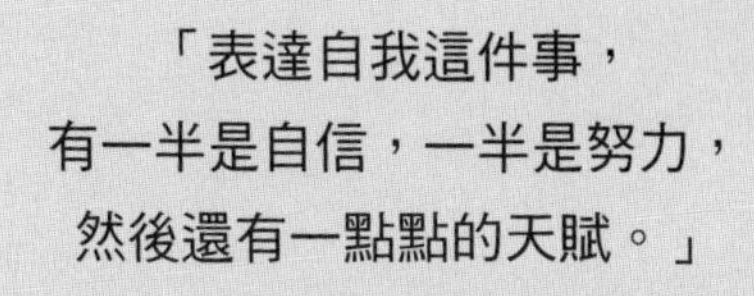

「表達自我這件事，
有一半是自信，一半是努力，
然後還有一點點的天賦。」

凱特・溫斯蕾（Kate Winslet）

ch. 4
自信

4-1 什麼是自信？

自信是相信你自己。這包括肯定自己的成就，信任自己的能力，還有足夠的韌性，跌倒了，可以再爬起來。更何況自信不只是你信任你自己；當你是一個有自信的人，別人也會信任你，相信你。自信是一種能力，可以靠後天學習、練習和精進。

想想看你身邊有自信的人，如果要描述他，你還會用到什麼形容詞呢？比方，勇敢、有韌性、真實、鼓舞人心、沉著，這些形容詞都可能浮現在你心中。雖然你也會聯想到傲慢、自我本位、控制欲（待會再來說明），但大家仍覺得自信是正面特質，大多數人都想要擁有。

每個人都有自我懷疑的時刻，自信心不足的情況。在我們看來，一個有自信的人，通常是把自己最好的一面展現出來。但也可能是台上一分鐘，台下十年功，因為平常投注了大量時間和心力，才得以在必要的一刻，帶給人自信的感覺和印象。

4-2 為什麼自信對迂迴而上的職涯很重要？

培養自信對於職涯有三個好處：

1. 培養韌性

第一章已說明迂迴而上的職涯瞬息萬變。由於科技發展和結構重整的雙重原因，工作機會出現的速度快，消失的速度也快。每當工作內容改變了，有些技能會過時，新技能取而代之。在現代的職涯，專業能力再也不是唯一的榮譽勳章。反之，唯有反覆迎向挑戰，能屈能伸，從失敗記取教訓，才能吸引大家的目光。

2. 採取行動

自我覺察只是開創圓滿職涯的第一步。光是自我覺察還不夠，你還要把覺察到的東西，化為實際行動，這不簡單喔！你可能會面臨艱難的抉擇，比方換職位或換跑道，或者勇於冒險（例如拓展副業，或者應徵新職務，人生第一次擔任專案的負責人）。這些行動無非都需要勇氣，臨危不亂，還要有自信，開啟你未來職涯的新機會。

3. 激發別人的信念

研究顯示，你展現多少自信，別人就覺得你多有能力[19]。大家都想著把工作做好，但是做事情的方式，以及表現出來的樣子，也會攸關成敗。為了爭取別人的信任，你必須先學會的是，由衷對自己感到自信，然後再向外投射，影響別人對你的看法。

4-3 自信的迷思

我們克服自卑並培養自信之前，先來破除幾個常見的迷思。

✷迷思一：外向的人有自信，內向的人很害羞

大家總以為外向跟自信有關，內向跟害羞有關。事實上，外向和內向只差在自我充電的方式，還有獲取能量的來源。內向的人靠獨處充電；外向的人從與別人相處吸收能量，靠聚會充電。由此可見，一個人有多麼自信，或者可以變得多自信，並非取決於性格的內向或外向。

✷迷思二：自信的人很傲慢

自信和傲慢不一樣。傲慢是過分誇大自己的能力，這樣說起來，一個傲慢的人，通常對自己的覺察不足，無法準確理解自己，以及自己對別人的影響。如果你還會擔心你自信過頭，給人傲慢的感覺；那麼，你會變成這種人的機率，想必低到不行啦！

✴迷思三：自信是與生俱來的

某些人有自信的天賦，但人生難免有自我懷疑或信心低落的時候。就連天生有自信的人，仍要持續精進並鍛鍊自己的自信，待會讀到莎拉的故事，你會明白這個道理，她曾經有一段跟賈斯汀・金（Justin King）共事的經驗。

我們在第四章會一起做三件事，大幅提升你的自信心！

1. 面對和囚禁你魔鬼般的自卑心理。
2. 肯定和回顧你的成功事蹟。
3. 評估和建立你的人際支持系統。

當你做好這三件事，自信心會油然而生，由衷相信自己。第四章最後提供幾個小妙招，教你為自己加油打氣，包括注意你說的話，注意你的肢體語言，多練習就會趨近完美。

4-4 莎拉的故事：金先生的自信是天生的嗎？

2011 年我到英國連鎖超市森寶利（Sainsbury）任職，當時執行長是賈斯汀·金，他肩負重責大任，他領導的森寶利是英國經典品牌，有 150 年悠久的歷史，旗下有 15 萬名員工，每週要服務 2,000 多萬名顧客。你可以想見，金先生有很多出席公開場合的機會。我經常看見他，聽到他說話，當他要宣布管理階層的人事更動，還要錄製影片向全體員工喊話，一切是那麼的自然，他的行為舉止充滿自信和說服力，胸有成竹，我總覺得他的自信是天生的。或許有一部分是天生的吧，但不全然是。

2013 年我調到企業事務部，總算有機會第一手觀察他的工作情況。我太驚訝了！他成功統御森寶利這麼多年了，但每次遇到重要的簡報，仍會專程花時間排練。「排練」是我覺得最貼切的用詞了，他在練習的時候，就好像他現場做簡報一樣。他會邀請幾個人到場觀看，針對他的表現和內容，立即提供意見。我總算明白，金先生日復一日展現的自信，不僅有天生的成分，也有努力和練習的成分。

零售業有一句諺語「零售業是注重細節的產業」，一語道破金先生對於工作的態度。他深知細節是關鍵，無論是做簡報激勵士氣，還是手寫道賀詞，祝賀我獲頒領袖獎（我至今還留著），他都很注意用字遣詞。

我跟金先生共事的經驗，教會我幾件重要的事，至今仍影響著我的職涯：

1. 為了重要場合拼命做練習，再正常不過了，從這件事可以看出，你深知自信的態度會影響別人的觀感。

2. 真正一流的領導人，無論多資深，都不會放棄學習，反而會不斷自我挑戰，每天精進自己。

3. 最好要多聽別人的意見，這是在尊重別人的想法和專業。每個人都可以持續學習，就連執行長也不例外，學習會提升你每天的工作表現。

對於金先生來說，他的方法確實奏效了。2014 年他卸下執行長的職務，森寶利在他的領導之下，連續 36 季持續成長。我還記得我待在新聞室時，經常接到店鋪的來電，向執行長表達感謝之意，這有別於一般人對執行長的反應。金先生還獲頒大英帝國司令勳章（Commander，CBE），他離開森寶利之後，持續在資誠（PWC）和馬莎百貨（Mark & Spencer）擔任要職，所以他的天賦才能和幹勁仍在造福社會。

4-5 步驟一：面對和囚禁你魔鬼般的自卑心理

魔鬼般的自卑心理會妨礙你發揮潛能，每個人身上都有，只是呈現方式不同。

魔鬼般的自卑心理會妨礙你發展潛能，擋住去路，阻止你去做真正重要的事。魔鬼般的自卑心理在你耳邊低語，說你不夠好，不夠聰明，不夠有經驗，這些批評都是為了說服你——你成不了大事。魔鬼般的自卑心理，又稱為「限制性思維」（limiting belief），每個人都會有，只是你不知道或沒有發現而已。但是這些思維潛伏在心中，會妨礙你做職涯中重要的事。

每個人魔鬼般的自卑心理都不一樣。你魔鬼般的自卑心理，對其他人而言，說不定還是強項呢！就算你跟別人有一樣的自卑心理，你們面對的阻礙卻不一定相同。假設你們都擔心自己不夠聰明，你開會的時候，可能不敢提問，從頭到尾都保持靜悄悄，但是表現在其他人身上，可能是死腦筋，忽略其他觀點。

魔鬼般的自卑心理，每個人的呈現方式不一樣，但還是有一些能夠一眼就可以看出來。大家來看看下面幾段話，你有沒有這樣想過自己呢？

- 每次遇到尷尬的情況，我就會很慌，整個人呆住，腦子一片空白。
- 每次跟別人意見不同，我就會沒自信，因為我不想太招搖，也不想惹人厭。
- 只要有前輩在旁邊看，我就會做不好，因為我會怕，就突然沒有自信。
- 我討厭在大家面前演講，我怕別人會覺得無聊，或者根本沒在聽，又或者別人認真聽了我講的每個字，卻覺得我講得很爛。

- 我怕別人會發現我不夠好（FOBFO），一直拿自己跟別人比較，總覺得別人都比較優秀*。
- 我對數字不在行。如果遇到不懂的事情，我盡量不提問。找工作的時候，光是看到公司規定要有「營業本領」，我就直接打退堂鼓。
- 我有想做的事情、感興趣的事，但我之所以沒有做，是因為我擔心別人會覺得我太年輕／太老。
- 我怕自己懂得不夠多。
- 我害怕失敗，不喜歡犯錯，所以一直待在舒適圈。
- 每次我面對壓力，就會有身體反應：整張臉紅通通，瘋狂冒汗，想到這裡，我就更緊張了。

你大概有一些頭緒了吧，我們要依序完成下列練習：

- **發現你的魔鬼般的自卑心理**
- **覺察這對你造成的阻礙**
- **深究背後的原因**

---

* 註：又稱為「冒名頂替症候群」（imposter syndrome）。

- **檢驗你魔鬼般的自卑心理背後的假設，採取正向行動**
- **獎勵自己，肯定自己的進步**

在你開始之前，先為你打個預防針：克服魔鬼般的自卑心理，並非一件易事，畢竟有好長一段時間，你都這樣看待自己，這樣對外展現自己。然而，只要持續的練習，一定能克服的，把魔鬼般的自卑心理囚禁起來，以免你再受到阻礙。

發現你的魔鬼般的自卑心理

這裡有一個好方法，請你寫下這些問題的答案：

1. 你工作上最大的恐懼是什麼？

   ____

2. 你對於工作有什麼期許，至今卻仍未去做？

   ____

3. 填空：我不夠 ______________________，所以工作做不好。
4. 你對於職場的自己有什麼負面想法嗎？

   ____

我們剛開始想到的魔鬼般的自卑心理，不一定是大魔頭，可能背後還潛藏著另一個真正的魔鬼般的自卑心理。為了再三確認，絕對要自己問「為什麼」，而且至少連續問三次！

例子：

我的魔鬼般的自卑心理是害怕上台簡報。

為什麼你害怕上台簡報？

因為我怕忘記自己要說什麼。

為什麼你怕忘記自己要說什麼？

因為我怕給人辦事不力的印象。

為什麼怕給人辦事不力的印象？

因為我想給人見多識廣，足以勝任的印象。

我們看到這個例子，最初一開始，他說魔鬼般的自卑心理是害怕上台簡報，但追根究底其實是「怕別人發現自己不夠好」，這才是他真正要處理的魔鬼般的自卑心理。

我的魔鬼般的自卑心理

行動建議：挑一兩個你潛在的魔鬼般的自卑心理，直接畫在第128頁的空格裡。

不斷追問你自己「為什麼」，你才會採取最有意義的行動，不再讓魔鬼般的自卑心理妨礙你！

為什麼用畫的，不用寫的呢？這樣有助於盡情思考，採取行動。大家不用畫出藝術大作，只要用視覺呈現你魔鬼般的自卑心理的形象，及其帶給你的感受。

想一想，如果魔鬼般的自卑心理是一種動物，會是什麼動物呢？比方你聯想到長頸鹿，象徵你害怕站在大家面前；假設你聯想到刺蝟，可能象徵你害怕給人難搞或「易怒」的感覺。再不然，如果魔鬼般的自卑心理是一種物品，會是什麼物品呢？比方你聯想到舞台或聚光燈，可能象徵你害怕上台簡報。

接下來幾頁，我們分享自己魔鬼般的自卑心理和業餘塗鴉，提供你一些靈感。

莎拉的魔鬼般的自卑心理：
害怕起衝突

我的魔鬼般的自卑心理是害怕起衝突。在我心目中理想的世界，每個人都和睦相處，毫無摩擦或爭吵。大家想必猜得到，這對我的工作造成哪些阻礙。每次大家意見不合，我就想抽身；我會坐立難安，一來是因為我受不了這種談話模式，二來是我的身體開始冒汗發熱！我選擇不聽，導致我不記得開會的內容。我明明有想法要說，卻錯失發言的機會，為此灰心不已。我也拒絕跟我自認為的「衝突製造者」打交道，我打從心裡覺得，就是這些可惡的傢伙，搞得我渾身不自在。

我害怕起衝突，以致於很多事情想做卻沒有做。我明明想擔任團隊負責人，參與大型專案，可是做這些事都要樹立威信，為了追求最佳結果，不惜對別人提出建設性的質疑。如果當了負責人，我當然想以身作則，鼓勵下屬多辯論，找到最好的答案。

我和魔鬼般的自卑心理的關係，有幾個重要的轉捩點，首先是我徵詢職場朋友的意見。我開完一場棘手的會議，跟朋友發一下牢騷，但他似乎不跟我一鼻孔出氣。我還記得我問他：「如果評分從 1 到 10，你覺得那場會議的尷尬指數有幾分？」我個人覺得衝突指數有 8 到 9，沒想到他卻回答我：「還可以，衝突指數大概只有 3，或者 4。我很慶幸大家趁開會的時候，把心裡的想法都說出來，而不是開完會再來竊竊私語，所以我覺得這個結果很好。」

我聽到他的回應，驚訝得說不出話。這段簡短的談話，讓我意識到，原來我體驗到的衝突，跟別人體驗到的不一樣。我原本還以為，大家跟我都有相同的感受。

我一直沒有好好面對自己的魔鬼般的自卑心理，反而還怪到別人頭上去，而非採取實際行動，負起自我提升的責任。

為了督促自己進步，我先質疑自己對衝突的理解。第二步，我開始跟別人分享自己的魔鬼般的自卑心理。這是我多年來拼命掩飾的東西，總覺得跟別人說，是在自曝其短，我擔心對自己不利，只覺得這是脆弱的象徵。當我跟幾個自己熟悉和信任的同事分享，大家紛紛給我正面的回應，甚至在我最需要的時候，為我加油打氣。

我透過分享讓別人有機會，提供我實質有效的幫助。

大家非但沒有批評我，反而還在身邊支持我，或者反過來分享他們自己的魔鬼般的自卑心理。我也因為分享之後，更清楚「背後的癥結點」。我和海倫曾經有一個專案，做到一半突然暫停了，我接到客戶的電話，海倫看我講完電話，隨即對我說「剛才的談話，真是辛苦你了，但是你做得很好，我完全看不出來，你有衝突恐懼症。」我聽海倫一說，倒是有一點驚訝，因為我在剛才的談話，並沒有感到任何衝突，可見我的魔鬼般的自卑心理沒有出來作怪！

我這才明白，只有特定的情境，才會勾起我的魔鬼般的自卑心理，經過長時間的反省，我總算知道有哪些情境了。首先是突如其來的爭吵，當我預期別人一定會同意，卻突然遭受反對，我會措手不及，魔鬼般的自卑心理就跑出來作怪了。再來，我面對情緒化的人，或直接表達不同意見的人，也會特別感冒。

我也發現到了，我如何描述自己的魔鬼般的自卑心理，也起了關鍵作用。個人教練問過我一個深奧的問題，我有一點卡住。她的問題是「如果說到『衝突』，你第一個會想到什麼？」我第一個答案是「開戰」。雖然這只是用字遣詞的小問題，但我突然驚覺，我應該重新描述自己魔鬼般的自卑心理，盡量貼近我的個人情況。我魔鬼般的自卑心理並不是害怕起衝突，而是跟別人談事情談到一半，突然間爆發衝突，而且對方的溝通方式偏向情緒化，直來直往。這一串文字，雖然沒有「開戰」那麼引人注目，但是準確多了，還會督促我採取實際行動，以免職涯受到阻礙。

我為了克服魔鬼般的自卑心理，發現幾個格外有用的提問法，我從此以後不再害怕棘手的對話。我也把一句座右銘謹記在心：「先求理解別人，再求被人理解」。我還沒有成功囚禁魔鬼般的自卑心理，但至少它不會再妨礙我的職涯發展了。

覺察這對你造成的阻礙

為了採取實際行動，你絕對要好好想一想，魔鬼般的自卑心理妨礙你去做什麼事？這對於你的職涯有什麼影響？假設你魔鬼般的自卑心理是怕自己不夠好，你可能會花幾個小時做會前準備，或者不敢在大家面前發言或提問，因為你擔心別人的觀感。

寫下你在哪三個情境下，會勾起魔鬼般的自卑心理：

1. ____________________

2. ____________________

3. ____________________

深究背後的原因

現在來想一想，為什麼魔鬼般的自卑心理會出來作怪呢？假設你擔心自己懂得不夠多，那應該只有特定的人士或場合，才會勾起你的魔鬼般的自卑心理。假設你害怕上台簡報，有什麼簡報是你會極力避免，找藉口推辭的？找出背後原因，深究魔鬼般的自卑心理會如何妨礙你。

✦ 勾起魔鬼般的自卑心理的原因

魔鬼般的自卑心理	原因一	原因二	原因三
範例：擔心自己懂得不夠多	有前輩在的場合。	遇到不同專業背景的人。	尷尬的場合。

✷ 檢驗你魔鬼般的自卑心理和背後的假設

魔鬼般的自卑心理活在我們腦袋瓜裡，對事情往往有自己的預設，只不過這些都沒有經過現實世界的檢驗。假設你擔心自己年紀太輕，應徵某個工作，可能給別人經驗不足的印象，那是因為你從沒問過別人的意見。下面列舉幾個魔鬼般的自卑心理，及其背後的潛在假設。我們會教你檢驗這些假設，問自己一些問題。

魔鬼般的自卑心理	背後的假設	檢驗	值得反思的問題
我懂得不夠多	若我貿然提問，別人會覺得我笨。	試著在你安心的環境，或者向你熟識的人提問，例如趁你跟主管開會時，盡量對主管提問。	提問的當下和之後，你有什麼感受呢？ 別人對你的問題有什麼反應？
我不夠有創意	別人的想法就是比我好。	從你的團隊找到一些正向的人，跟他們分享你的想法，請他們給你建議。	跟別人分享你的想法，帶給你什麼感受呢？ 你的想法有哪些部分對你的職位和公司特別有幫助嗎？

魔鬼般的自卑心理	背後的假設	檢驗	值得反思的問題
我的經驗不足	我應徵這份工作絕對不會成功，別人不會把我當一回事。	找做過類似職位的人聊一聊。 想想看你有什麼強項，可以造福這個職位。關注你有的，而非你沒有的。	當你去探索新機會，內心有什麼感受？ 如果這份工作不適合你／如果你沒有應徵上，還有其他類似的機會嗎？
寫下你的魔鬼般的自卑心理			
寫下你的魔鬼般的自卑心理			

一旦你開始檢驗魔鬼般的自卑心理，你會啟動自我提升的能力，因為你終於去質疑那一些妨礙你的信念和預設。比方你可能覺得，自己的口音缺乏威信，但你聽了別人的意見，才知道有這樣的口音，別人反而覺得你很真，更願意認同你。

不過，有時候你採取實際行動了，結果卻不如預期，以致魔鬼般的自卑心理更猖狂了！假設你害怕上台簡報，終於鼓起了勇氣，趁團隊會議的時候，試一下身手，卻不太順利。別忘了，每個人都是自己最嚴厲的批評者，真正的學習關鍵是聽取別人的意見。如果你的意見剛好跟別人一樣（例如你跟別人都覺得，你的表現還可以更好），那麻煩大家指明有哪些地方值得改進，這會幫助你採取行動和持續進步。你最好再找更多簡報的機會，雖然不容易，但唯有這樣，你才有可能把魔鬼般的自卑心理囚禁起來。與其任由魔鬼般的自卑心理限制你，還不如聽取別人的意見，不斷提升自己。

主動克服魔鬼般的自卑心理，而非直接閃躲，這需要正向行動、勇氣和深呼吸！

採取行動是你掌控魔鬼般的自卑心理的關鍵，但是說比做容易。魔鬼般的自卑心理已經在你腦袋停留一段時間了，而你早已習慣能閃則閃。

下列幾個建議，會幫助你採取行動：

- 跟別人分享你的魔鬼般的自卑心理（有人在旁邊陪伴你、支持你、鼓勵你，你會更有行動的幹勁）。
- 表明你何時要採取什麼行動。
- 你不妨切割成幾個小行動，讓自己養成習慣。

在下面的空格，寫下你要採取什麼行動，來囚禁你魔鬼般的自卑心理，特別圈出你下星期要做的行動，以及你要跟誰分享這個計畫。

囚禁魔鬼般的自卑心理的
三個行動（圈出最重要的一個）

人

我的魔鬼般的自卑心理

（我想要跟誰分享？）

✷肯定你的進步

等到你成功跨出第一步，一定要肯定自己！改變自己的行為當然不容易，因為必須鼓起勇氣，檢驗根深蒂固的自我觀感。如果你這麼勇敢，當然要好好獎勵一番呀！每次你採取小行動，檢驗你魔鬼般的自卑心理，別忘了拍拍自己的肩膀，如果有更實際的獎勵會更好，例如莎拉買了工匠級咖啡給自己，海倫買了新文具給自己。每次你檢驗了魔鬼般的自卑心理，別忘了給自己獎勵，這是在提醒你，你進步了多少。

如果你設定了行動計畫，卻沒有勇氣去做（現在還沒有！），先不要慌，想一想你還在躊躇什麼呢？難道是改變太大嗎？那就從小事做起吧！還是說，行動計畫沒有錯，但是挑錯執行的環境？或者說，行動和環境都沒有錯，只需要再給自己一次機會？

海倫的魔鬼般的自卑心理：擔心被討厭

不知道從何時開始，我內心突然覺得，在職場就是要討人喜歡。依照我內心的獨白，我一定要給人親切可愛的感覺，這樣才叫做成功，如果我太苛求、太難搞或太直接，那就不對了，我會極力避免。只可惜，這在我職涯的路上，反而幫了倒忙。我不敢為自己主張的想法挺身而出，我不敢質疑跟我不同意見的人，我也不敢給別人真誠的建議，幫助他們進步。

更諷刺的是，當我看著別人把意見表達得清楚明白，我就覺得好棒呀！當我看別人提出建設性的質疑，我滿心崇拜。當我看著別人為自己的信念挺身而出，我尊重他們的選擇。只是這些事換成我來做，我就會戴上不同的濾鏡。我太擔心被別人討厭了，以致於長久以來困住了自己，一直到幾年前，我才知道這種心理也會困住別人。

我在微軟任職時，金．史考特（Kim Scott）正好出版《徹底坦率：一種有溫度而真誠的領導》，我趁通勤的時間聆聽有聲書，她提到一種領導風格陋習，稱為「破壞性同理」（ruinously empathetic），一直縈繞在我心頭。所謂破壞性同理，意謂你太在意對方，所以不敢直接挑戰他，這樣的話，你給他的意見就無效了，還會妨礙他成長、發展和完成最佳表現。

我恍然大悟，當我希望屬下喜歡我，我給出來的意見，就是一種「破壞性同理」。我不夠自信，給不出明確坦率的意見，原來是魔鬼般的自卑心理在作祟！從此以後，我的想法有天翻地覆的轉變。

我開始注意自己魔鬼般的自卑心理，對別人有沒有其他影響。我突然發現，當我代替別人出馬，去談預算、談加薪、談工作模式，也會受到魔鬼般的自卑心理影響。說真的，我好慚愧啊！然而，自從我有了覺悟，我開始有動力面對魔鬼般的自卑心理了！我做了小改變，說話更直接了，不再期待大家聽到我的話，每次都要展露笑容。我改掉「破壞性同理」的領導風格，我的團隊倒覺得很受用，讓我更相信自己做對了。

後來我跟別人的對話，就沒有以前那麼輕鬆了，我也還沒有完全囚禁魔鬼般的自卑心理，但光是覺察它的存在，思考它對我個人職涯和身邊同事的影響，我就願意做出小改變，別再放任它阻礙我（第六章有更多關於「澈底坦率」的內容）。

4-6 步驟二：肯定並反思自己的成功

說到自信這回事，克服魔鬼般的自卑心理只是一小部分。如果要培養自信心，你還要知道自己的強項，肯定你創造的價值，所以自信跟第二章的「超級強項」密切相關！如果知道自己的強項，也有好好發揮，一定會更成功。成功會形成滾雪球效應，你越是成功，就越有自信。

大家都習慣把自己的錯誤記得很清楚；反之，有自信的人懂得信任自己，每天會肯定自己的成功。我們也可以養成這種習慣，肯定自己在工作上的成就。這裡設計了 3R 成功心態框架，協助你培養自信，包括肯定、記錄和只跟自己比。

肯定

如果要講自己過去一年的工作成就，倒是滿容易的，但如果要講上星期或昨天的工作成就，大家就覺得難了！我們可能是對成功的標準太高，或者對自己的要求太嚴格。如果要記錄你的成功事蹟，不妨從其他角度和領域切入。想想看你上個月，在下列幾個類別，分別有什麼成就（你在第二章所填寫的答案，也會有所幫助）。

你上個月在工作的成就：

1. ______________________________

____

2. ______________________________

____

3. ______________________________

____

範例：最近跟客戶見面，對方說很喜歡跟我和我們團隊合作。

你上個月在家庭的成就：

1. ______________________________

____

2. ______________________________

____

3. ______________________________

____

範例：每個星期二和星期六都有乖乖做瑜伽。

上個月助人成功（工作或工作以外的領域）：

1. ______________________________

____

2. ______________________________

____

3. ______________________________

____

範例：協助妹妹趕在美容課之前，寫好履歷表的前言。

這適合團體練習和自我反思，不妨趁會議開場的時候，鼓勵大家分享自己的成功事蹟，否則也沒什麼機會分享。如果是第一次趁開會舉辦這樣的練習，最好先知會其他同事，給他們一些時間準備，以免一時想不出來（一般人腦海裡，不太會浮現自己的成功事蹟）。再來，你也要告知清楚，到底是哪一段時期的成功事蹟，例如「這個月的會議要麻煩大家想一下，最近一個月，自己在工作和家庭上有哪些成就，或者有沒有助人成功」。我們團隊已經養成這種習慣，月會一律以這個練習開場，對個人和團隊都有提振信心的效果。

記錄

記錄自己的成功事蹟，不經意會養成肯定自己的習慣。從今天起，給自己一個挑戰，連續一個禮拜，每日寫下一整天的成就（善用手機 App，或者寫在本書的筆記區）。你會發現自己每一天都比前一天，更會聯想自己的成就；到了第七天，你根本不用逼自己記錄，你就想得到自己當天有哪些成就了。

另一個方法也格外有用，如果你剛好投入新工作，或者最近有一點卡關，總覺得自己沒什麼長進，不妨做「進步」和「退步」的記錄。每當你有成果，就在「進步」記上一筆；每當事情沒有照著計畫走，就在「退步」記上一筆。每隔兩個星期，花半小時回顧你的進步和退步，衷心希望你的進步比退步還要多。即使這陣子退步比較多，也沒關係，你可以想一想，這些退步帶給你什麼教訓，這也是一種成就呀！

只跟自己比

專注於自己的成就，不要跟別人比較，這是人人都知道的道理（參見第八章的 70. 艾瑪．甘儂的職涯建議），只可惜難以落實，尤其是現在有社群媒體，大家傾向報喜不報憂，刻意去修飾自己的錯誤、失敗和無聊事。你一定要經常反思，成功對你的意義是什麼！最好的問法是「成功對自己有什麼意義」，把心中浮現的字全部寫下來。

4-7 步驟三：評估和建立你的人際支持系統

建立自信心，不可能憑一己之力。你需要強大的人際支持系統。**人際支持太陽系**以視覺呈現，顯示你從別人獲得的支持，還有你向別人提供的支持，哪些人際角色攸關你自己和你的信心。有自信的人，絕對擁有健康平衡的人際支持系統，因此評估你目前的人際支持系統，會幫助你採取有意義的行動。

行動建議：首先，想一想你從哪些人獲得支持，可能是家人、朋友或同事，你要注意的是，這些支持必須要能夠提振你的自信心。在下面表格的左欄，寫下這些人的名字。接下來，想一想你向哪些人提供支持，把名字寫在右欄。有些人的名字可能會同時出現在左右兩邊，這沒有關係，反正左右兩邊至少要有5個人。

你從哪些人獲得支持？	你向哪些人提供支持？

現在你寫好名單了，按照你跟那些人互動的頻率，把名字依序填在下一頁的「我的人際支持太陽系」，顯示你每隔多久時間，從那些人獲得支持，或者向那些人提供支持。接下來，用箭頭標示支持的方向。如果是你從對方獲得支持，箭頭會朝向你，如果是你在支持對方，箭頭會背對你，範例如下：

人際支持太陽系

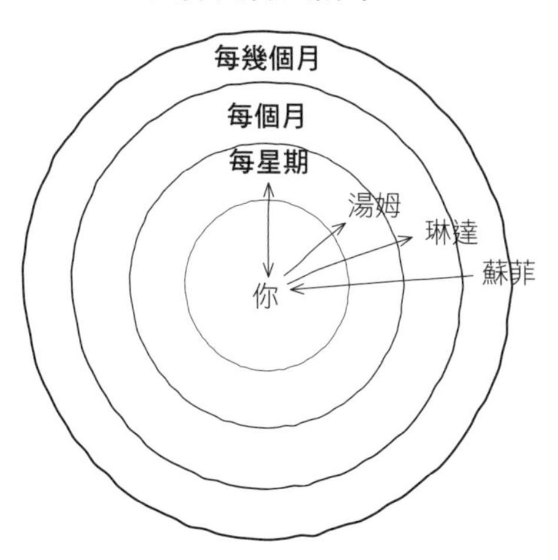

✷ 我的人際支持太陽系

填上支持你的人，以及你支持的人。

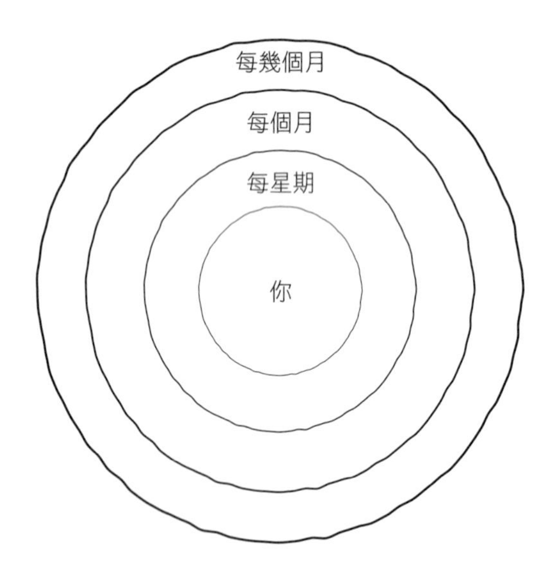

畫好自己的人際支持太陽系之後，思考下列的問題：

- 你給予的支持，有沒有超過你獲得的支持？
- 你提供支持和獲得支持的頻率，有沒有達成平衡呢？
- 你所獲得的支持範圍大嗎？有沒有除了親朋好友以外的支持來源呢？

最後一個問題特別重要唷！你的人際支持太陽系，必須有幾個不同類型的人。如果有人願意無條件愛你、支持你，當然是很棒的一件事，例如媽媽就是每個人最重要的啦啦隊，無論你想要做什麼，媽媽都會信任你，想必會提振你的自信心。可是，把不同類型的人，納入你的人際支持系統，在身邊支持你、挑戰你，也會有幫助。每個人的人際支持太陽系，都必須包含下列幾種關係：

「理解」你的人

那些支持你的人，有沒有人可以理解你的苦衷？他們可能跟你一起共事，或者曾經跟你當過同事，因為待過同一個環境，所以能夠同理你和你的苦衷。

丟出「尖銳問題」的人

那些支持你的人，有沒有人膽敢挑戰你？他們會提出睿智的問題，可能是你從未想過的，或者是你一直逃避的。這些人會帶給你不一樣的思考角度，以免你怨天尤人，就是不怪自己，或者陷入受害者情結。

「陪你度過難關」的人

每個人身邊都需要智者。智者型的親友通常閱歷比較豐富（但不一定），年紀比你大，所以比較博學多聞。如果你自我懷疑，他會鼓勵你把目標設定高一點；如果你擔心事情不順利，他會消除你的疑慮。反正每當你有需要，他一定會陪你度過難關。

在下面的空格，填入各種支持你的人，這麼做有助於你釐清，你的人際支持太陽系還有哪些進步空間？

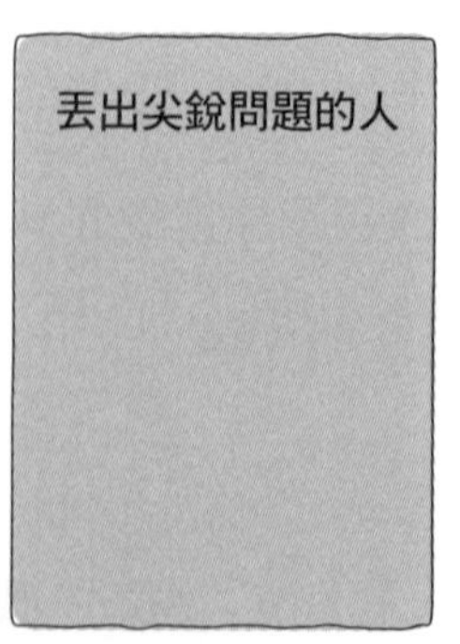

你當然也要想一想，你提供別人怎樣的支持？當你釐清有哪些人會來跟你求助，為什麼他們找上你，你自然會建立自信心，肯定你帶給別人的價值。不過，這要拿捏好平衡。如果每星期有太多人仰賴你的支持，反而會形成依賴關係，對方會想不透自己的困境，還會榨乾你的精力。當你發現向你求助的人太多了，次數太頻繁了，不妨想想看，有沒有其他人可以幫忙分攤，或是減少聚會的頻率，拉長到每個月一次，或者兩星期一次。再不然，在聚會之前，事先詢問對方需要什麼支持，讓你有時間好好想一想，怎樣才幫得上忙，而非當場臨機應變。

4-8 步驟四：為自己打氣

本章有大半的篇幅，都在幫助你建立長期的自信心，但有時候我們也需要短時間的加油打氣。迂迴而上的職涯，經常會需要換工作，那就要經常面試，經常跟新人共事，希望給別人留下良好的第一印象。再說，現在職場用到科技的機會變多了，我們要習慣在網路上現身，跟網路上的朋友互動。這裡所謂為自己打氣，主要分成了三大範疇：注意你說的話，注意你的肢體語言，多練習就會趨近完美。每一個範疇都列出三個妙招，並且列舉實際範例，教你如何採取行動，為自己加油。

每個範疇的最後，都有預留空白處，讓你寫下自己想做的打氣行動。

注意你說的話

1. 用字遣詞要有自信

不要用模稜兩可的字，例如可能、大概、有點。多使用主動積極的字，例如以「我會」取代「我想要」。

2. 把句子說完整

大家通常有一個毛病，句子還沒說完整，就急著說下一個重點，尤其是壓力大、腦筋轉個不停的時候。不說完整的句子，有兩個害處：第一，你的表達會不夠莊重，任何有自信的溝通者，一定會講究清楚表達，把每一個句子都說到好為止；第二，你的影響力會打折扣，因為對方單憑直覺，並無法理解你想說的重點，以致你明明要發表真知灼見，對方卻無緣聽懂。

3. 聽跟說一樣重要

最有自信的人，不一定是講最多話的人。積極傾聽（active listening）是很有影響力的，你會充分掌握、理解和澄清特定的情況。最有影響力的人，往往會在最適當的時機點開口和閉嘴！

範例：莎拉曾經請主管幫忙，觀察她做簡報的樣子，然後建議她如何改進，給人更有自信的感覺，結果主管發現「有點」是莎拉的口頭禪，講的次數有點多，簡報時間十分鐘，至少會聽到 16 次！從此以後，每當要脫口而出「有點」，莎拉會稍微停頓一下，然後再繼續說下去，或者更換成更明確的說詞。現在的她偶爾還是會講「有點」，希望大家收聽我們播客節目時，不會聽到太多次！

注意你說的話，我的行動計畫：

注意你的肢體語言

1. **裝腔作勢：**

大家想必都聽過艾美．柯蒂（Amy Cuddy）的研究，以及她探討肢體語言的 TED 演講，這曾經榮登 TED 歷年最熱門演講第二名。柯蒂最初和後續的研究，向大家證明了，如果你在簡報、開會或面試之前以及當下，擺出有力量的姿勢，張開雙臂，而非無力的姿勢，縮頭縮腦，你會覺得自己更有信心和力量。

2. **聽別人的意見**

肢體語言是自己意識不到的，你要聽取別人的意見，才知道你有沒有達到預期的效果。下次你再有上台簡報的機會，錄下你簡報的過程，反覆觀看。透過鏡頭看自己，最準了！如果你夠勇敢，不妨請別人到現場，觀察你簡報的樣子，或者觀察你簡報的影片，直接給你意見。

3. **給自己深呼吸**

深呼吸之後，身體會分泌令你警戒和興奮的荷爾蒙。試試看吸氣時，從 1 默數到 7，然後閉氣 1 秒鐘，呼氣時，從 1 默數到 11。你會發現自己的身心放鬆下來。這個深呼吸練習重複做十次，大約要花三分鐘，你會立刻感到平靜和自信。

範例：莎拉曾經提醒海倫，海倫在工作坊上台簡報時，習慣交叉腳站著。在莎拉眼裡，這根本是「封閉」的姿勢，學員看到封閉的姿勢，可能會不敢提問。海倫完全沒意識到自己是這種站姿，當她聽完這個意見，隨即想起來這是她最舒服的站姿，所以就這樣站著了，想調整這個姿勢並不難。

注意你的肢體語言，我的行動計畫：

多練習就會趨近完美

1. **排練（大聲一點）**

我們遇到自己緊張的事情，通常花很多時間準備，可能是準備要繳交的文件，準備簡報，或者多查一些資料，以免被大家問倒了。雖然表達的內容很重要，表達的方式也同樣重要喔！如果自己感覺不太熟練，大聲排練會很有幫助，你會發現有哪些地方說不通，有哪些段落容易結巴，或者有需要再調整。每次簡報以前，最好先大聲演練三遍，假設一場 10 分鐘的簡報，事前要大聲演練 30 分鐘，可以自己練或找同事幫你看。再者，不要傻傻苦練，每做完一次練習，記得先暫停一下，確認有哪些段落表現不錯，有哪些段落值得改進，再來做下一次練習。

2. **多做小練習**

盡量把握各種機會，鍛鍊你的自信心。不妨問自己：我上一封電子郵件，口吻有沒有自信呢？我最近有沒有自告奮勇做什麼事情，幫助我自己檢驗魔鬼般的自卑心理呢？我上次詢問別人意見是什麼時候？你可以這麼問對方：「你覺得我何時最有自信呢？」

3. **幫助別人提振自信心**

幫別人加油打氣，說不定是你的強項，不知不覺也會提振你的自信心！當你給別人好建議，自己也要聽進去，澈底落實喔！

範例：海倫每次要做大簡報，一定會拍下自己演練的樣子，從頭到尾看兩遍，一次會關掉聲音，另一次會打開聲音。靜音觀賞有一個好處，可以看出自己的肢體語言，到底是在吸引觀眾的注意，還是在害觀眾分心。再來，只聽聲音，不看畫面，可以聽出自己的故事精不精彩，有沒有記憶點，夠不夠明確。她做到這種準備程度，可以盡量掌握自己的表現，提振當天的自信心。

多練習就會趨近完美，我的行動計畫：

本章重點整理

1. 自信是一種能力，可以靠後天學習、練習和精進。
2. 魔鬼般的自卑心理是職涯的阻力，每個人都無法倖免。
3. 為了找出魔鬼般的自卑心理的觸發點，你要用心觀察它何時會阻礙你。
4. 為了克服魔鬼般的自卑心理，你要透過小行動來檢驗它。
5. 每當你採取小行動之後，別忘了獎勵你自己。
6. 自信和成功互有關聯。你累積越多的成功事蹟，就越有自信。
7. 成功心態的 3R 行動：肯定（Recognize）、記錄（Record）、只跟自己比（Run your own race）。

8. 建立你自己的人際支持系統，納入愛你的人、理解你的人、挑戰你的人、鼓勵你的人。
9. 為自己打氣的小妙招，可以在你腎上腺素飆高時，讓你保持沉著和自信。
10. 為自己打氣的三妙招：注意你說的話，注意你的肢體語言，多練習就會趨近完美。

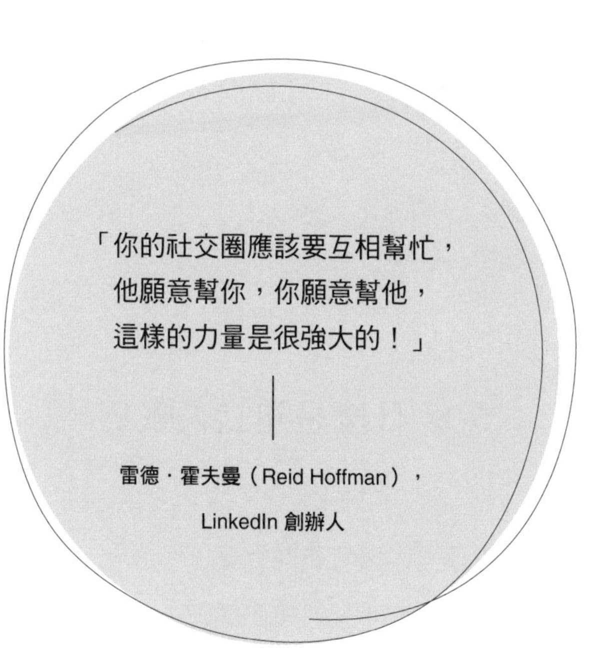
「你的社交圈應該要互相幫忙，
他願意幫你，你願意幫他，
這樣的力量是很強大的！」
雷德．霍夫曼（Reid Hoffman），
LinkedIn 創辦人

ch. 5
人脈

5-1 什麼是建立人脈？

> 建立人脈說到底，就是大家互相幫忙。

大家都知道建立人脈對職涯有幫助，卻又不知道從何下手，該如何經營才好。一般人不想建立人脈，通常是對這件事觀感不佳，每次想到攀關係的場合，就覺得害怕或焦慮。畢竟建立人脈這件事，早被老舊的觀念玷汙了，以至於我們不由自主聯想到一大堆不認識的人，強忍尷尬、互相寒暄的樣子。事實上，這只占了建立人脈的一小部分，甚至有些人的人脈根本沒必要這麼做。再不然，有些人喜歡跟大家聊工作，卻不懂得把這些場合化為機會。

大家記住了，建立人脈說到底，就是大家互相幫忙。我們大多數人都喜歡幫忙別人，所以這種定義方式，有助於你重新思考，人脈對職涯有什麼功用和目的。為了建立有效的人脈，你必須先確定，你如何提供別人有用的幫助，而你希望從別人身上獲得什麼幫助，滿足什麼需求。如果你先主動支持別人，這樣建立起來的人脈，才可能讓你的職涯有所蛻變。

說到建立人脈，我們要相信種什麼因，就會得什麼果，只想著你能付出什麼，而非你想獲得什麼。

我們總以為，建立人脈是外向性格的專利，只有外向的人樂在其中，或者只有透過社交充電的人，才能夠把人脈建立好。不是這樣的！性格內向或外向，頂多只會影響你建立人脈的方式，卻不會影響你建立人脈的品質或價值。

性格內向的人，可以透過一對一互動，跟少數人建立長期的深厚情誼。反之，外向的人喜歡有一堆素未謀面的新朋友，一想到這種場合，整個人精神就來了。

5-2 為什麼在迂迴而上的職涯，建立人脈如此重要？

建立積極有意義的社交圈，對職涯有三大好處：

1. **有意義的人際關係**

以前大家所謂的社交圈，都是一些見過面的人，可想而知，人際接觸的範圍越小，社交圈就越小，越容易經營。現在我們有 LinkedIn 和 Twitter 等社交平台，可以觸及各式各樣素未謀面的人，這些都是我們建立人脈的對象，大幅拓展我們的社交圈。然而，無論是虛擬或實體的互動，無論你跟對方相不相識，若要建立有效的人脈，都要把握相同的原則。假設你在 LinkedIn 創造 2,000 個連結，不代表你就有很棒的人脈。「質」永遠比量更重要！專注於你特別需要的社交圈，多花一點時間經營雙贏的人脈，才可能對職涯有幫助。

2. **多元的觀點**

第一章提過終生學習的好處。「人」就是最豐富也最便宜的智慧來源，一小杯咖啡或一封感謝函，就足以報答對方大方分享的經驗和建議，但這些意見無比珍貴。找「過來人」聊一聊，直接跳過摸索的過程，讓自己快速成長，把你新發現的知識現學現賣。

3. **建立個人品牌**

等到你在職場打滾久了，有很多工作都不是從求職網或徵人廣告找到，而是透過你熟識的人，以及那些知道你在做什麼的人。個人品牌有助於大家認識你，包括你的性格和主張。為了建立真實的個人品牌，你一定要清楚自己想留給別人的印象，然後知行合一，個人品牌會一路陪伴你，稱霸迂迴而上的職涯。不限於自己的公司和行業，盡量跟很多人建立人脈，可能帶來意想不到的職務和發展機會。你建立的人脈越深厚，對方越清楚對你的價值觀、強項和影響力，對方介紹給你的機會，說不定會更加適合你。不妨

依照你的學習目標，著手建立你的人脈，從此以後，你對於人脈會澈底改觀，深深覺得這是一件值得投入時間和心力的事情。

好好把握指導別人、參加活動或擔任志工的機會，盡量建立多元的人脈，這些人會影響你本人，甚至為你的個人品牌，帶來令人期待的新機會。

行動建議：在下面的空白處，寫下你希望自己不在場的時候，別人會怎麼描述你這個人，以及你希望在未來六個月，留給大家什麼印象。

我希望別人誇我「＿＿＿＿＿＿＿＿＿＿＿＿＿＿＿＿＿＿＿＿」。

行動計畫：

1.

2.

3.

範例：我希望別人誇我「很會整理資料」。

1. 我可以找機會做簡報，分享我寫報告之前，必定會做的前置準備工作。
2. 我可以在 LinkedIn 寫一篇「資料整理不藏私祕訣」的文章。
3. 我可以自告奮勇，跟其他團隊大方分享，我在自己團隊做的資料統整工作。

5-3 海倫的故事：建立人脈，帶來新機會

2007 年，我在第一資本（Capital One）金融服務公司擔任行銷專案經理，為了把工作做得更好，花了很多心力建立人脈。我覺得自己做得很好，準備跳槽到我喜愛的公司。我鎖定一個名叫「顧客洞見管理師」的職位，填好了應徵申請表。我相信，我就是最適合的人選。我這個人充滿熱忱，奮發向上，身懷絕技，絕對可以滿足這份工作的需要。我完全無視我沒有顧客洞見的經驗，也缺乏研究專業，更何況對方的主管也不認識我。最後的結果，你想必猜到了……我沒有應徵上！同事給我意見，我看似欣然接受，但其實懷有戒心，心煩極了。我想不通為什麼我應徵不上。

隔週，公司主管把我拉到一旁，直話直說，但是態度親切：「你的方法完全錯了。」他說：「你要懂得換位思考，讓工作自然而然找上你。」我聽了他的話，點點頭，心想：「你怎麼說都對，反正你是主管。」等到我失望和生氣的情緒散

去了，我思考他說的那段話。要是工作會自己找上門，豈不甚好？可是，我該如何實現呢？我開始關注我職場的人脈。就連跟我不同職位的人，我也開始好奇他們的職位和職涯。我還會跟其他公司的人聊天，得知跟我相同職位的人，一向是如何保持學習和精進的習慣。

我從第一資本跳槽到意昂集團（E.ON），再跳槽到英國石油（BP），凡是幫過我的人，我和對方一直維持良好關係。我有一個很會激勵人的上司，後來成了我終生的職涯導師。坐在我隔壁的同事，也成了我腦力激盪的最佳拍檔。我有一個私下的贊助商，最後成了我公開的支持者。後來我當了主管，我的團隊日益壯大，即使下屬離開原本的職務，我仍會支持他們。每當有不認識的人求助於我，我會不吝指導對方。我演講的時候，開放大家踴躍提問。我也開始在很多報章雜誌寫文章，分享我的觀點。

我原本建立的人脈，只是職務導向，但隨著我調整策略，我的人脈不經意拉大格局，成了職涯導向，幫助我成長和發展。新職位和新發展的機會，果然主動找上門了。我會到英國石油工作，正是因為社交圈的獵人頭顧問推薦我（現在我們是好朋友，持續互相幫忙）。我擔任維珍集團的顧客洞察長之前，也是先透過人脈，事先了解維珍這家企業。

十年多以前，主管對我說了智慧小語，從此以後，我的社交圈有了天翻地覆的改變，甚至成了我的招牌特色，也是我職涯發展的關鍵。雖然需要時間，但我發現每個人都可以建立有效的人脈，只要你長時間真心幫助別人，同時勇於向別人求助。

5-4 建立對你有利的人脈

本章有下列五大重點，幫助你拓展職涯的人脈：

1. 建立人脈必做的三件事。
2. 評估你目前的社交圈。
3. 建立你的人脈。
4. 結善緣，得善果。
5. 確定你在社交圈的定位。

建立人脈時，把握上述五大重點，絕對會在短期和長期獲得回報。本章的最後，我們還提供幾個小妙招，讓你立刻拓展社交圈。

1. 建立人脈必做的三件事

完美的人脈並沒有固定的公式，人數多也不一定好。每個人的人脈都獨一無二，你必須自己覺得自在、有意義、有幫助。一個強大的人脈，一定要滿足三個條件，你建立人脈之前，最好謹記在心，確保你結交的對象，會積極協助你學習和成長。

✷ 看清楚

你必須認真看清楚，誰會幫助你學習和成長，「有意識」精準建立人脈。你也要確認自己想追求哪些知識，花時間想清楚，誰特別有能力幫忙你。由此可見，你在建立人脈的時候，一定要意圖明確，精挑細選，忠於自我。這裡列舉一個例子，你就會明白了。

說到建立人脈，大家通常想找一位職涯導師。這些年，很多人找導師是這樣開口：

「我最近正在找導師，您是否願意擔任我的導師呢？」

如此通俗的問題，遺漏了兩個關鍵資訊。一是為何你想要找導師，二是為何對方是合適的人選。一般人只是聽人家說，最好要找一位職涯導師，或者有職涯導師才會有面子，寫在履歷表才會有份量。這根本是在糟蹋別人的時間，便宜行事。如果你這樣找導師，九成會失敗，對方可能是「謝謝再聯絡」，或者懶得回你。時間是最有限的資產，我們建立人脈時，當然要顧慮別人的時間，尤其是可能對我們有幫助的人。

我們看到下面這個例子，也是徵求導師，但考慮更周到，說法更明確：

> 「我目前的職涯，正在想辦法樹立威信。我個性內向，開會的時候，不太會展現自己的意見。我讀過您在 LinkedIn 發表的文章，您提到自己是內向的人，『話不多，但是為自己感到驕傲』，我也希望自己可以這樣。您是否願意撥冗三十分鐘，跟我喝一杯咖啡，或者在 Skype 聊一聊，我想聽聽看您的經驗，詢問您幾個我一直想不透的問題。」

這個人寫出來的詢問信，跟前一個人天差地遠吧！這封信深具個人特色，可見他有深思熟慮過，再來也很實際（希望對方當面聊或視訊三十分鐘，而非沒頭沒尾，直接邀請人家當自己的導師），因此這樣子找導師，九成會成功，畢竟大家都喜歡幫助別人嘛，就算遭到拒絕，對方也會建議其他合適的人選。

✷想清楚

你的社交圈必須是活的，否則光有一堆人脈也沒用。假設你在 LinkedIn 結交很多朋友，不一定會化為活躍的社交圈，就好比你在職場上，空有一些點頭之交，交情卻不夠深厚。

所謂活躍的社交圈，你會付出自己的價值，也會從別人身上獲得等值的回饋，可能是想法、時間、知識，或者三者的交換。

建立人脈需要時間的醞釀，所以一定要務實一點，確認自己有多少時間，該如何善用時間，建立適合你的人脈。

鄧巴數（Dunbar's Number）意指在特定時間點，可以維持緊密關係的人數。人類學家兼心理學家羅賓．鄧巴（Robin Dunbar）做了研究，建議每個人都應該結交 150 位尋常朋友、

50 位關係緊密的朋友、15 位好朋友（你會尋求他們的支持，向他們吐露心聲）、5 位「超級好朋友」（通常包括家人）[20]。這些關係不是靜止的，而是會隨著時間波動。雖然這是針對私底下的關係，但其實也跟職場人脈有關。

幾年前，為了跟大家解釋人脈，我們開始拿園藝來比喻。人脈的建立，也是有「播種、施肥、除草」。把「除草」這個詞用在人身上，聽起來可能有點怪，但你確實應該想清楚，你的社交圈有哪些人，你投入多少時間。把你自己有限的時間妥善分配，一來建立新的人脈，二來維繫既有的人脈，想想看哪些關係喪失了意義，有必要刪減投入的時間。把「除草」這個字換成「修剪」，可能會更貼切吧！

✴多元性

一般人天性偏好同質的人事物，因為令人安心和自在，所以不知不覺的，沉溺於自己偏好的社交圈，只跟自己相似的人來往，但我們都心知肚明，人脈最好要多元。麥肯錫調查全球 12 個國家 1,000 家企業，結果發現性別最多元的四分之一企業，比起性別最單調的四分之一企業，獲利率超越平均值的機率竟增加了 21%。族群多元也有相同的效果，這機率增為

33%[21]。每個人的人脈也是如此，人脈越多元，好處就越多。「多元」這個字的意思很多，所謂多元的社交圈，當然也有好幾個含意。

社交圈必須包含不同專業和經歷的人，帶給你新的觀點和想法。當你接觸新觀念，結識新朋友，絕對會幫助你學習成長。因此，你的社交圈不可以太狹隘，不可以只限於跟你相同產業或行業的人。再來，你還要結識跟你歷練不同的人，甚至包括歷練比你淺的人，這些人剛出社會，看事情的角度會不一樣，畢竟還不太清楚行規，對於特定的機會或挑戰，也不會有既定的答案，這種人的意見會特別天馬行空，不受限。

大家有各自的行事風格，反映了個人的強項和價值觀，比方你可能是擅長團隊合作，待人親切，或者你擅長解決問題，關注細節。有些人在職場上，習慣用直覺思考，但也有人憑事實做決策。在你的社交圈之中，一定要有跟你行事和思考風格不一的人。雖然跟這些人相處不容易，但他們提出的質疑，絕對會促使你換個思考方式，鼓勵你看見新的可能性，進而拓展視野。

2. 評估你目前的社交圈

你建立人脈之前，先評估你現在的社交圈。有哪些人跟你維持緊密關係，有什麼人脈缺口嗎？缺口就是你進步的機會。若要評估目前的社交圈，不妨先確認你目前的人脈有什麼優點，尤其是下列三種對職涯發展最有利的人脈區：

1. **針對目前職務的人脈：**對你目前的職務有幫助。
2. **針對未來職務的人脈：**協助你探索新的職涯前景。
3. **針對個人發展的人脈：**協助你發揮最佳潛能。

等到你評估完目前的社交圈，想一想未來 12 個月，你可以採取什麼行動，建立對你目前而言最重要的人脈。

✷ 步驟一

填寫下一頁的圖表，為你目前的社交圈評分，最高 5 分，最低 0 分。0 分是你自認為目前沒有任何人脈，5 分是你自認為目前的人脈相當完整。評分之前，別忘了你每天時間有限，建立人脈並非你的全職工作，你不可能在三個人脈區都拿到 5 分。最後，把你標示出來的三個點，連成一個三角形，這就是你目前的社交圈。

✷ 步驟二

現在想想看，你希望未來 12 個月，自己可以在這三個人脈區獲得多少分，這一次用虛線標出你的社交圈。如果你很滿意目前的社交圈，你的成績就維持不變，記得把三個點連成三角形。

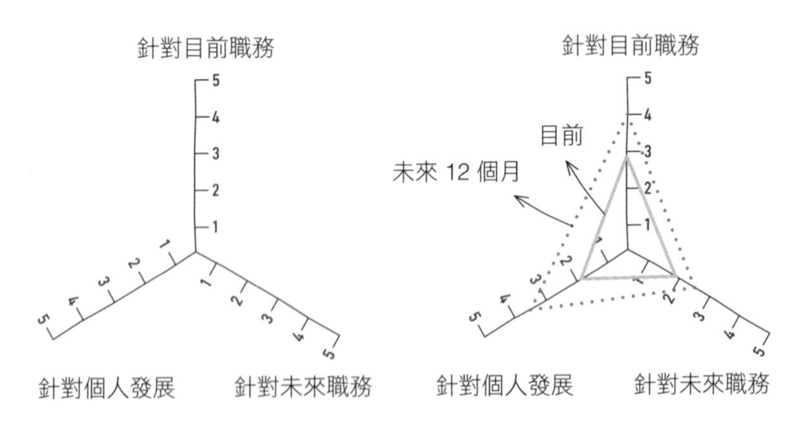

✷ 你目前的社交圈，以及你未來 12 個月的社交圈

現在你完成這項練習了！接下來對比目前的社交圈跟未來理想中的社交圈，哪一個人脈區的缺口最大呢？還是說，每個人脈區的缺口差不多，若是這樣，最好不要一次改進三個人脈區；反之，你要考慮未來 12 個月的職涯發展排序，先鎖定最

重視的人脈區，比方你可能會把所有精力和時間，都貫注在你最為重視的人脈區，或者一次改善兩個人脈區，但仍有比重之別。好好想清楚，你該怎麼做，對當下的自己最有利，最實際可行。確定你最想改善的人脈區（可能是一個，也可能是兩個），在下面的方格中圈起來。

我首要想改善的人脈區：

針對目前職務｜針對未來職務｜針對個人發展

我次要想改善的人脈區：

針對目前職務｜針對未來職務｜針對個人發展

✷ 填補缺口

既然你知道自己有哪些缺口了，現在腦力激盪一下，你可以採取什麼行動來改善你的人脈區呢？不要只想著你想改善的人脈區，反之，把每個人脈區都考慮一遍，這樣會激發新點子，幫助你建立更強大的社交圈。

3. 建立你的人脈

✷ 針對目前職務的人脈

如果你剛上任，這個分數低，就情有可原了，畢竟你還沒有足夠的時間，可以建立合適的人脈。一般來說，這通常是大家最高分的人脈區，你每天上下班，自然會維繫相關的人脈。下面幾個建議，可以幫助你建立合適的人脈，把目前的職務做到最好。

行動建議一：為你自己和周圍的人建立合適的人脈

我們為了把工作做好，一定會把心力投注在最直接的人脈，這一點很重要，通常是首要之務，但其實我們也要顧及更廣泛的人脈生態系。任何團隊都要懂得繪製利益關係人地圖（stakeholder mapping），以視覺呈現你在特定群體中，或者你針對特定職務內容，必須優先建立的人脈。衝擊／影響力網格（Influence/Impact Grid，不妨到 Google 搜尋一下）也有助於團體討論。再不然，直接詢問你的同事和主管：「請問我可以再建立哪些人脈，讓大家工作起來更順利呢？」如果你是團隊負責人，那就換個方式問大家：「你可以再建立哪些人脈，讓你自己和整個團隊表現更出色呢？」

行動建議二：為你的職務建立合適的人脈

一個強大的社交圈，必須包含內部和外部的人脈。一方面，你需要公司內的人脈，讓你有最佳工作表現，另一方面，你也需要公司外的相關人脈，包括產業專家、思想領袖、合作夥伴，甚至同行競爭者。你一定要為自己創造「狐獴探頭的時刻」，比方你想在某個領域採取行動，不妨找幾個不同產業，但跟你相同職位的人，一同參與公司的團隊會議（你大可禮尚往來，也去參與對方公司的團隊會議），或者找機會參與產業交流或專業組織。

所謂「狐獴探頭的時刻」，意指我們從自己的公司探出頭來，搜尋任何靈感、想法和機會。

行動建議三：宣傳你的超級強項（參見第二章）

讓大家知道你的強項，如此一來，你目前職務的人脈才會發揮更大效用！你以前為了維繫人脈，會舉辦定期聚會，但只是喝咖啡聊是非，現在不妨設定明確一點的討論主題，帶給你發揮強項的新機會，主動跟大家聊一聊，你如何發揮強項，為你的工作加分，同時為對方的工作加分，或者直接詢問對方的意見，確認你的強項還有沒有其他發揮空間。這麼做有雙重好處，一來加強他們對你強項的印象，二來拓展你在工作發揮強項的機會。

✷ 針對未來職務的人脈

如果你這個人脈區的分數低，可能有幾個原因，一來是你不確定下一步，二來是你還算滿意現狀，但如果你有意找新工作，現在才剛開始建立人脈，也未免太遲了！你應該趁你還沒有準備好踏出下一步，就提早針對未來的職務，建立你所需要的人脈。

行動建議一：宣傳你的興趣

別人想幫你忙，總要先知道可以怎麼幫。首先，你要明確表達你感興趣的領域，才會有無窮的機會找上門，讓你盡情的嘗試和學習。寫出你在工作上，有興趣發展的五大領域，比方領導手法、創意思考、專案管理或神經多樣性等。接下來，讓大家知道你有這些興趣，如果你想學習更多東西，希望找適合的人聊一聊，不妨請大家推薦人選。當你這麼做，別人會記住你的興趣，你也有機會結交新朋友，為自己創造發展和職涯的新機會。

1. ______________________________

2. ______________________________

3. ______________________________

4. ______________________________

5. ______________________________

行動建議二：在工作之餘從事副業

近年來，大家流行在工作之餘從事副業，第七章會探討從事副業的利弊得失。除了創造額外的收入，從事副業還有一個千真萬確的好處——建立新人脈。如果你打算開啟新事業，這就是你試水溫、打知名度、樹立威望的大好時機，順便認識新領域的朋友，這些新朋友剛好跟你志同道合，久而久之，你不再是盲目結識新朋友，而是會深化彼此的關係。

行動建議三：加入現有的團體

不管你未來想發展什麼事業，例如獸醫或動畫師，世上絕對有一些現成的機構或網路社群。當你加入這些團體之後，會認識圈內人，得知未來有哪些職涯選擇，更何況這比起面試，氣氛輕鬆多了，大家會更願意吐露真實的心聲，讓你知道圈內人的酸甜苦辣。

如果你想探索未來的職涯前景，最好要懷抱好奇心，保持心胸開放，沒事就盡量跟同好鬼混。隨時關注有沒有線上論壇可以加入啊？有沒有演講活動可以報名參加呢？有沒有專家的粉絲頁可以追蹤？一旦你主動出擊、採取行動，你會發現機會接踵而來，在很短的時間內，你會建立很多人脈，對你未來的職務有所幫助。

✷ 針對個人發展的人脈

如果你針對個人發展，建立了強大有效的人脈，那些人會幫助你發揮最大潛能，用各種方式支持你發展自我，例如提出問題質疑你，給你真誠的意見，在你需要的時候，為你加油打氣。說到這類型的人脈，大家總擔心只有單方面付出，某一方傻傻的奉獻，任由對方予取予求。事實上，這種情況很少見。這種類型的人脈，以雙向互惠居多，會互相支持對方學習和發展。

行動建議一：找到「長期」和「短期」的職涯導師

最好有兩種不同的職涯導師：一是長期的，二是短期的。所謂長期的職涯導師，會跟你長期維繫關係，絕對不只數個月，而是會長達數年，協助你在職業生涯中，穿梭於各種職務和各大企業。長期導師不用多，畢竟是一段深厚又可靠的人脈，雙方勢必都投入很多心力。長期導師可能本來是你的「短期」導師，只是人與人相處久了，自然會知道彼此氣味是否相投、是否「對盤」。

至於「短期」的職涯導師，主要是受到情勢所趨，你找這些人當導師，是看上對方在特定領域累積的資歷，可能是技能、行為、產業知識，或者三者兼具。「短期」導師剛好契合你當下的需求，雖然雙方的關係不會維繫太久，但仍有可能長達數年，例如 2018 年莎拉離開大企業，轉戰小型創意機構，她找了有類似轉職歷程的人，擔任她當時的「短期」導師，在她剛上任的一年之間，幫了她很多忙，就連現在莎拉臨時有需要，或者遇到該領域的問題，仍會找那位導師聊一聊。

行動建議二：找到贊助者

贊助者是擁護你的人，通常是你的主管，但也不一定。贊助者跟職涯導師的功能不一樣，席薇雅・安・惠勒（Sylvia Ann Hewlett）身兼作者、執行長和教育家，她認為贊助者和導師的差異在於「導師專門給建議，贊助者會有實際行動」。她研究發現，一個人背後有贊助者，更有機會去追求超乎自己能力的職務，也更有自信跟老闆談加薪[22]。不過，難就難在贊助者不是求來的，而是靠行動爭取而來。有兩個行動可以為你找到贊助者，首先是確定你的人選，再來是確定你希望對方贊助你什麼。每一間公司裡面，都會有鶴立雞群的人，把其他團隊成員或全公司的同事都比下去。把這些人找出來，想想看未來有沒有合作的機會，或者直接加入他的團隊。

贊助者會讚揚你的強項和價值，所以你一定要想清楚，你希望自己不在場的時候，贊助者會怎樣描述你，假設贊助者只是說「海倫很棒」，這當然也是一種贊助，但絕對不是積極主動的贊助，反之你更希望聽到的是：「海倫擅長領導變革的團隊，她特別會鼓勵別人發揮潛能，無論做什麼事情，她總是充滿活力和決心」。你必須確保自己每一項行動，盡可能地讓贊助者看見你的強項，贊助者才會幫忙你大力推銷。

行動建議三：找到你的學習社團

有沒有人想學的東西，剛好跟你一模一樣呢？讓那些人加入你的個人發展社交圈吧！比方，從現成的團體搜尋適合的人選，例如去上語言課或繪畫課，把同學找出來聚一聚。也可以從你的公司同事中，找到有類似興趣的夥伴；或者，到處跟別人宣傳你的學習興趣，請對方推薦適合的學習夥伴。你這麼做，就有機會認識志趣相投的人；跟別人一起學習，可以提升學習效果。這種學習不僅更活潑，加上有學習夥伴互相交流，更可能堅持下去。

4. 結善緣，得善果

這聽起來很老套吧？根據我們自己的經驗，多幫忙別人，好事確實會發生在自己身上。如果套用在人脈上，意謂著付出不求立即回報。亞當·格蘭特（Adam Grant）專門研究高成就者（high achiever），結果發現這些人有一個共通點，那就是有果決的行動，朝著遠大的目標邁進，同時經常幫助別人成功[23]。換句話說，他們積極付出，大方分享自己的時間和專業，助人一臂之力。當你想著自己可以付出什麼，就是在累積「人脈銀行」的點數，而且你付出的方式剛好符合你的強項和興趣，如此一來，建立人脈會變成一件快樂的事情，連你自己都會很期待去做，畢竟建立人脈這件事，就是大家互相幫忙啊！

✴施比受更有福

你讀到這裡，可能會心想「我認同大家要互相幫忙，但我沒有什麼可以付出的。」我們開了這麼多場工作坊，深切體會到，每個人都有東西可付出，就連你閱讀這本書，學到一些實用的職涯發展工具和技巧（但願如此！），都可以傳遞給別人，更何況你可以付出的東西，遠遠超過於此。這裡分享一個祕訣，不妨設法轉化你的強項，變成對別人而言，是有趣又實用的東西。

假設你連續好幾年，利用工作之餘從事副業，或者到一些組織當志工；現在大可善用你累積的知識，開班授課或寫部落格，教大家如何用五個簡單的步驟，在工作之餘開啟副業。你也可以寫文章，分享當志工的意義，以及這件事對每個人的重要性。假設你喜歡寫程式，不妨善用這個技能和興趣，教別人基本的編程技巧，打開你這份專業的知名度。

你好奇自己有什麼可以付出的嗎？從你的強項和興趣下手吧！下一個練習也是同樣的原理。

你的付出清單

你還沒讀過第二章也沒關係，你至少對自己的強項和興趣有一點概念吧！試著在下面的表格，寫出三個強項或興趣，在相應的右邊欄位，填寫你對別人可能的貢獻。以下提供範例供你參考：

我的強項／興趣	這對於別人有什麼好處？
寫文案	1. 每個月在部落格發表一篇文章，教大家寫出好文案。 2. 自告奮勇為自己所處的產業，撰寫商務電子報。
開發別人的潛能	1. 結識新同事，每隔三個月一起喝咖啡，討論工作近況。 2. 每個月開班授課，跟自己的團隊分享工作心得。
組織力	1. 想一想你過去參加過的活動，詢問主辦單位需不需要志工幫忙。 2. 向主管毛遂自薦，自願為公司團隊舉辦團康活動。

我的強項／興趣	這對於別人有什麼好處？
	1. 2.
	1. 2.
	1. 2.

你列出的全部貢獻中，有兩個共通點，那就是會消耗你的時間和心力，這就是為什麼你一定要排序。每個人排序的標準不一樣，可能是你最有自信的強項，你最感興趣的點子，或者你覺得對別人最有貢獻的行動。把你最想做的行動圈出來，下個月馬上去做！

✷施與受，同樣有福

你希望別人怎麼幫助你呢？例如，你希望社交圈帶給你什麼收穫？把這個問題想清楚，才知道該跟誰打交道，爭取對方的支持。一開始，先問自己下面的問題：

未來 12 個月，我想學習哪三件事，來幫助我的職涯發展和成長？

這三件事可能是認識你的行業，培養特定的技能，或者了解其他企業的營運方式。你的答案越明確越好，與其說「我想要學習做簡報」，還不如說「我想要學習說故事的技巧，這樣我做簡報的時候，別人會聽得津津有味」，後者有更明確的學習目標，同時提及你想學習的原因。大家看到下面的表格，請在左欄填寫三個學習目標。

學習目標	有誰可以幫忙？
1.	
2.	
3.	

一旦你確定學習目標，想想看有誰可以幫忙，填在表格的右欄。你不妨從三個角度切入：

1. 找你認識的人聊一聊

不要小看你現有的人脈，前提是你要弄清楚，自己到底想要學什麼東西。千萬不要在心裡預設，別人能否幫上忙；你永遠都想不到，對方有什麼人脈，或者對方有什麼經歷。

2. 先自己找資料，再找專家幫忙

你向別人求助之前，最好先自己做功課。現在有很多現成的資料，自己先做一些研究並不難。如果對方知道你深思熟慮過，也自己先找過資料了，絕對會更願意協助你。除非你在其他地方找不到資料，才需要尋求專家的意見。

3. **請別人牽線：**

向人脈很廣的朋友求助。讓朋友知道你需要什麼協助，請他們提供建議，或者代替你牽線。你身邊總會有一些天生的人脈王，把你的學習目標說出來，這些人會為你找到幫手。

行動建議：針對你每一個學習目標，從你的社交圈找到第一個想求助的對象，把名字填在表格的右欄。

現在你知道要向誰求助了，一定要掌握好求助的方式，下面列出幾個求助的妙招，還有不幸遭到對方拒絕的話，該如何因應才好。

該如何求助：考慮周延、表達清楚、順水推舟

如果你把自己的需求和目的說清楚，對方比較有可能答應你。再者，最好讓對方知道，你已經自行做過功課，盡量對學習目標展現投入和熱忱。

接下來，你要考慮時機點。如果對方正在忙大案子，或者對方在金融業工作，你挑在年底旺季聯絡他，對方絕對沒心思管你的訴求。最後還有一點，別讓對方另外花心思，思索該怎麼幫忙你才好，如果你想見個面，那就直說吧，如果你想通電話，那也直話直說。盡量考慮周延，表達清楚，讓對方順水推舟，直接答應你的請求。遵循這些原則，對方一定會設法幫你。

如果對方「拒絕了」，該如何回應？

不管你再怎麼努力，對方都有可能拒絕你，這不是反省你自己的時候，而是要深究背後的原因。假設對方拒絕你，先別急著生氣或防備；反之，先展現你的同理心。若可行的話，不妨請對方推薦其他人選：

「我完全可以理解，謝謝你回覆我。你可以推薦我適合的人選嗎？」

如果對方「不回覆」，該如何回應？

你也可能面臨另一種「拒絕」：令人沮喪的「不回覆」。「不回覆」的原因有很多，對方可能是不願意幫忙，或者沒看到你的請求，也可能有太多人在排隊請他幫忙，不可能一次回覆完畢，又或者對方看了卻忘記回。你發出訊息後，不妨等幾個星期，再來做後續追蹤，畢竟有些人是真心想幫忙，只是剛好那個星期特別忙，不小心把你的訊息遺漏了。

如果你有機會做最後的追蹤，最好不過了，譬如趁對方刊登新文章，或者對方在線上更新近況，你藉這個機會，發送訊息以詢問跟進：

「我很喜歡你最近一篇文章〈探討彈性工作〉，尤其是你建議大家，把焦點放在『作法』而非『原因』上。我幾個星期前聯繫過你，我想在公司推出彈性上班制度，希望有機會跟你聊一聊。如果你目前撥不出時間也無妨，若你身邊有其他合適的人選，希望你可以推薦給我，我會感激不盡。」

這樣敘述展現出同理心，表示你能夠體諒對方太忙碌了，若對方可以推薦你適合的人選，你也覺得萬分感謝。如果你做到這樣了，對方還是沒有回覆，別放在心上，別讓這種事打擊你的自信，直接詢問下一個合適的人或人脈吧！

5. 確定你在社交圈的定位

當你越來越有自信去結識新朋友，一定要確認你在社交圈的定位，主要有幾個可能的角色：

✷ 角色一：消費者

如果你的定位是消費者，你是直接參加現成的社交圈，擷取那個圈子現有的價值，這對你來說很有用，你會從這段經歷學到新東西，但主軸應該是「別人幫你」，而不是「大家互相幫忙」。在社交圈扮演消費者，最簡單不過了，也沒什麼壓力，當然是你建立自信的大好機會。不過，最好不要在這種社交圈投入百分百心力，畢竟你只是「消費者」的角色，不太可能建立什麼促進職涯發展的人脈。

✷ 角色二：貢獻者

貢獻者對社交圈有貢獻，主動分享自己的時間、想法、技能和專業，造福更多的人。如果你是社交圈的貢獻者，你會主動深化人際關係。為社交圈做出貢獻其實很簡單，比方邀請新成員加入，讓新成員有機會付出或收穫。如果你希望自己貢獻多一點，不妨詢問那個社交圈的負責人，還有什麼地方需要你幫忙。無論是什麼社交圈，都需要投注大量的心力，當你提出這樣的詢問，對方通常會感激你。

✷ 角色三：連結者

連結者這個角色功不可沒，他們把社交圈變大了，把大家都連結在一起。連結者是社交圈的樞紐，他們的名字經常口耳相傳。擔任連結者是一件有意義的事情，一個偉大的連結者，甚至會樂在其中。倘若你喜歡這個角色，不妨試著在既有的社交圈，主動為別人牽線，比方想一想，你現在的主管能否從你的前主管學到東西呢？你團隊裡其他成員能否幫你指導新人？為別人牽線其實很簡單，譬如寫一封電子郵件，留一個LinkedIn 訊息，簡短說明一下來意，讓雙方知道相識有什麼好處。

✷ 角色四：創造者

自己創造人脈是最困難的，這可能會耗費你大量的心力，也可能像滾雪球一樣越滾越大，一時之間吸引很多人加入，但好處是整個社交圈都認得你，你不僅擁有這些人脈，還可以順應自己的學習目標，調整社交圈的重心。

我們兩個人都有自創社交圈的經驗，從中學習該如何經營，有哪些禁忌要注意。首先，你要踏出第一步！不要想太多，先找幾個人，只要這個社交圈夠有趣，大家就會紛紛加入，擔任消費者或貢獻者；第二，你要找人幫忙管理，否則你會忙翻了；第三，逢人就介紹你的社交圈，讓大家得知你工作之餘，還會自己找事情來做，通常會很欣賞你。

行動建議：現在你知道了，你在社交圈可以扮演哪四種角色，在下面這個表格填寫你各個角色的比重，仔細想想看，這對你而言是否平衡？有沒有哪些角色的比重需要調整呢？

消費者 ____%	貢獻者 ____%
連結者 ____%	創造者 ____%

5-5 權宜之計

建立強大的人脈，絕對是你迂迴而上的必備技能，這要耗費時間和心力，也有賴你持續經營。除了我們先前分享過的行動，這裡還有一些技巧和竅門，可以幫助你拓展人脈（也就是大家互相幫忙）。

針對社交活動

1. **搜尋形單影隻的人：**假設你自己去參加活動，不妨環顧現場，有沒有其他人跟你一樣獨自赴約，這種人可能跟你一樣尷尬；或者，有沒有三個人一起出席，其中一個人說不定會願意跟你聊聊天。
2. **結伴同行：**如果你想到要自己去參加，就覺得渾身不對勁，不妨趁這個機會邀朋友一起去。
3. **事先做功課：**你有沒有可能先拿到賓客名單呢？如此一來，你就知道有誰會參加，搞不好有你一直想見的人呢！不妨趁活動開始之前，先傳個訊息給對方。

針對一對一關係

1. **傳遞知識：**找對方可能會受用的文章或書本，但千萬不要只是丟一個連結給他，而是要設身處地為對方著想。想想看有哪些洞見、名句或重點，可能會吸引對方注意，或者跟對方切身相關，特地標示出來。

2. **有什麼煩惱？**對方最近在煩惱什麼問題嗎？你幫得上忙嗎？主動聯繫對方，分享你的看法。
3. **保持警覺：**如果你想要結識某個人，對方位高權重或者名氣很大，不妨設定 Google 快訊的功能，每當對方參與重要企業活動，你會第一時間知道，如果你們有碰面的機會，你也知道該開啟什麼話題。

針對虛擬世界的人脈

1. **多參與：**鎖定你感興趣的社群媒體帳號，試著回應對方的貼文，標記對方，或者分享對方的文章。久而久之，你會跟對方展開對話，建立關係。
2. **徵求別人的意見：**每當你在網路分享或發表文章，不妨在結尾徵詢大家的看法，創造你跟網友的雙向對話。
3. **曝光：**你的大頭貼或貼文，盡量多放你自己的頭像或影片，讓別人看到螢幕後方的你，這樣會比較有人情味，以彌補實體和虛擬互動的缺口。

本章重點整理

1. 建立人脈這件事，其實就是大家互相幫忙。
2. 你在迂迴而上的職涯，絕對少不了人脈。人脈會幫助你結識重要的朋友，接觸多元的觀點，並且建立個人品牌。
3. 無論性格內向或外向，都可以建立強大的人脈。最好的人脈，只需要真心誠意，不愧於心。
4. 為了建立強大的人脈，你必須做三件事：看清楚、想清楚、多元性。
5. 為了評估你目前人脈的強項和缺口，你必須先確認一下，有哪些人脈是針對目前的職務？有哪些是針對未來的職務？又有哪些是針對個人發展？
6. 如果想建立最好的人脈，你必須付出而不求立即回報。
7. 為了對社交圈有所貢獻，最好從你的強項和興趣下手，想一想可以怎麼造福別人。

8. 你想跟對方交朋友，對方不一定會答應，如果遭到拒絕，千萬不要氣餒，別放在心上。
9. 確定你在社交圈扮演的角色：消費者、貢獻者、連結者或創造者。
10. 建立一個成功的社交圈，需要耗費時間和心力，而且有賴長期經營。

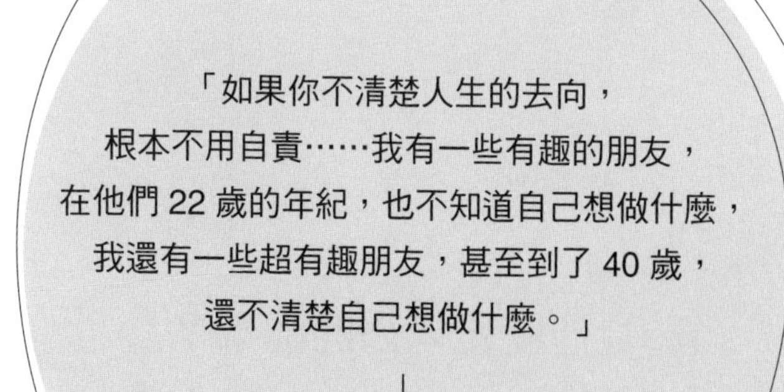

「如果你不清楚人生的去向，
根本不用自責……我有一些有趣的朋友，
在他們 22 歲的年紀，也不知道自己想做什麼，
我還有一些超有趣朋友，甚至到了 40 歲，
還不清楚自己想做什麼。」

巴茲．魯曼（Baz Luhrmann）

ch. 6

未來的前景

6-1 什麼是未來的前景？

> 迂迴而上的職涯，一直在改變，而非固定不變。

我們先來討論，什麼不是未來的前景？這樣反向思考，搞不好會容易些。未來的前景絕非嚴密的計畫，也絕非固定的目標，當然也不是「你未來五年想做的工作」。職涯規劃只適合可預期的職涯，去想像一個極度確定的未來，但這恐怕不適合迂迴而上的職涯。現在世上不再有經過反覆檢驗、百般可靠的職涯生存公式，「努力工作＋忠誠度＝升遷（直到退休為止）」已是天方夜譚。

倫敦商學院教授林達・葛瑞騰（Lynda Gratton），與其他人合著《100 歲的人生戰略》（The 100-Year Life）一書中提到人生三階段（受教育、工作、退休）已經過時了。葛瑞騰認為，未來趨勢是多重階段式人生，大家必須臨機應變、累積新知、探索各種思考模式。最近《財經時報》有一篇文章，建議大家一生要規劃五種事業，現在的工作並不持久，再造（reinvention）不僅是理性的行動，也是非做不可的事[24]！

職涯一直有變動，絕對會影響你跟老闆的關係。我們兩個人剛出社會時，大家不太會「回頭找」以前的老闆，因為這給人一種「退步」的感覺。但現在有越來越「吃回頭草」的員工，重新回歸前老闆的懷抱，例如推特（Twitter）創辦人畢茲・史東（Biz Stone）2011 年出售推特，2017 年又重返推特，負責文化工程的老本行。

現代人的職涯是多向的，可以前進後退，進出各大公司和行業。一個進步的企業，可以理解員工出走的決定，比方是為了職涯發展或增加歷練（前往新地點工作，或者自行創業），所以幸福企業不一定要死命留住員工！

忘了終點吧！

現在的焦點不再是計畫和終點，而是盡情探索新機會和享受過程。任何的計畫都暗示有開花結果的一天，對很多人來說，沒有開花結果，就沒有成功。可是，懷抱這種想法，不可能會有幸福的職涯。正向心理學家尚恩·艾科爾（Shawn Achor）著有《哈佛最受歡迎的快樂工作學》（*The Happiness Advantage*），他認為成功並不會令人快樂，反倒是快樂會令人成功。最快樂的人懂得享受過程，不被終點所綁架，長期來看，他們才是最成功的人。

如果職涯規劃已經過時了，現在該怎麼辦呢？我們難道要忽視未來發展，全心全意享受當下嗎？可能吧！但也未免有太多運氣的成分了，這樣搞事業會不會風險太大了？！我們還是要規劃未來，但要試著擁抱迂迴而上的職涯，放下無謂的計畫，專注於未來的前景。

6-2 為什麼未來的前景對迂迴而上的職涯很重要？

認識並探索未來的前景，對你未來的職涯有三個好處：

1. 主動掌握未來

現在我們跟雇主的關係多變，工作捉摸不定，比以前更難以掌握自己的職涯，不可能再依賴主管或老闆，提供我們一條清楚的職涯路徑，所謂的職涯路徑早已不復存在。我們只好運用這本書，多認識自己，進而探索未來可能從事的新職務。

2. 發現新機會

當你探索未來的前景，會開始好奇各種職位和公司，得知自己在很多領域都能夠發揮強項。如此一來，原本看似發展受限的線性職涯，突然變得寬廣了。如果再連結你的價值觀，你會發現一些意想不到的職涯前景。多一點創意思考吧，你會覺得未來無可限量！

3. 找到適合自己的事業

每當職涯有變動，勢必伴隨著風險，不管是在同一個產業轉職，還是跨到另一個新產業，絕對要好好想一想，這個新機會是不是契合你的強項、價值觀或心目中的理想工作，這樣轉職成功的機會才會高。當你澈底反思過後，你的觀點會更加平衡，同時也確保你是在迎向新職務，而非逃離目前的職務。

第六章分成兩個部分，第一部分提供各種練習，幫助你探索職涯選項，確認你工作的「理由」，這會引導你做出明智的選擇。第二部分關注三個「永不過時」的職涯技能，包括好奇心、給意見和恆毅力，如果未來的職涯還是如此迂迴，這三個技能想必會越來越重要。

6-3 第一部分：前景

所謂未來的前景，其實就是你有興趣的工作領域，未來有可能以此謀生。有些職涯前景是你熟悉的，有些是你不太熟悉的，無論如何，未來的前景總要能引發你的好奇心。

你探索未來前景時，必須切換到探險心態，保持心胸開放，進行創意思考，考慮各種可能的未來。有些前景會跟你的現狀有關，但你大可天馬行空，想像各種職涯選項。

只要你覺得合意，大可盡情探索，下列四種前景都值得嘗試：

1. 明顯的前景

你馬上就想像得到的職位，從你現在這份工作出發，自然而然會踏出的下一步，譬如垂直升遷或水平調動（增加歷練），反正就是你憑直覺會踏出的下一步。

2. 遠大的前景

你腦海中曾經閃過的職位，但你找了很多「理由」，勸自己打退堂鼓，比方「我可以勝任經理一職，但我的經驗不夠多」、「我可以從大公司轉到新創企業，但我身邊沒有人這樣轉職成功過」。假設沒這些「理由」，你會去探索哪些前景呢？

3. **夢想的前景**

假設你不受任何限制，你現在會做什麼工作呢？你還是要工作賺錢，但你可能會樂在工作。這份工作可能跟你現在的差不多，也可能天差地遠。例如現在是銀行家，但其實最想做廚師；現在是行政助理，但其實最想做警察；現在是工廠作業員，但其實最想做園丁（這些都是真實的例子喔！）。

4. **延伸的前景**

想一想還有沒有其他職位，可以運用你現有的技能和強項，這會動用到水平思考。你的強項還有沒有其他發揮空間？可能是不同的公司，例如從私部門轉到公部門、從上班族轉為自由工作者、從企業職員轉為諮詢顧問，或者直接跨足新產業。

在下列四個空格，填寫你想到的點子：

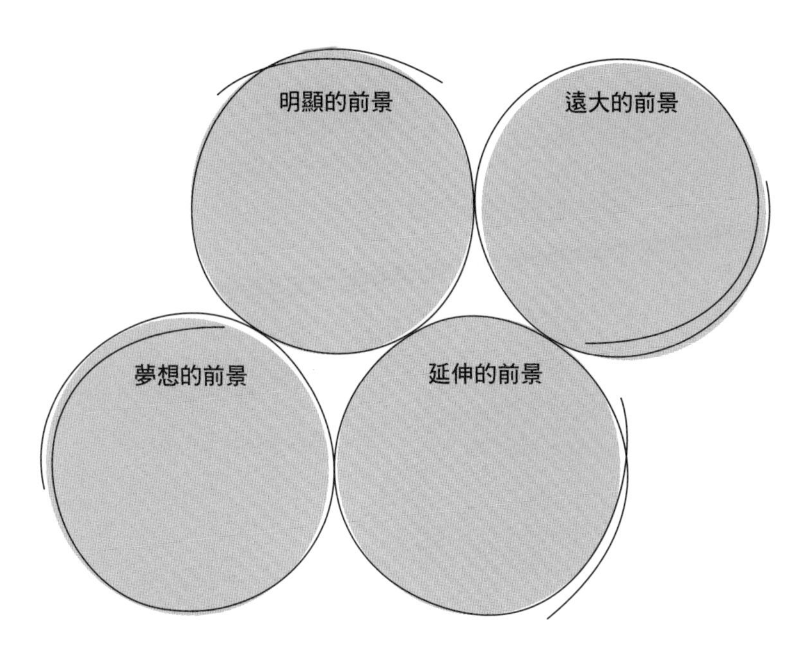

現在你知道自己有哪些前景，下一步是研擬行動計畫。

行動建議：挑選一個你想探索的前景，思考下列兩個問題：

- **我需要什麼知識？**
- **誰可以幫我？**

第一個問題是在填補知識缺口。既然要開始探索這個前景，有什麼東西要事先查明呢？既然這個前景是你從未經歷過的，那有可能是「未知的未知」，連你自己都沒什麼概念。這時候，第二個問題就派上用場了。想想看你社交圈的人，誰可以協助你探索這個前景呢？再想想你社交圈以外的人（幫得上忙的人，你不一定認識）。

說到你這個前景，有沒有什麼思想領袖？不妨先找他們的著作、影片或節目來看一看。

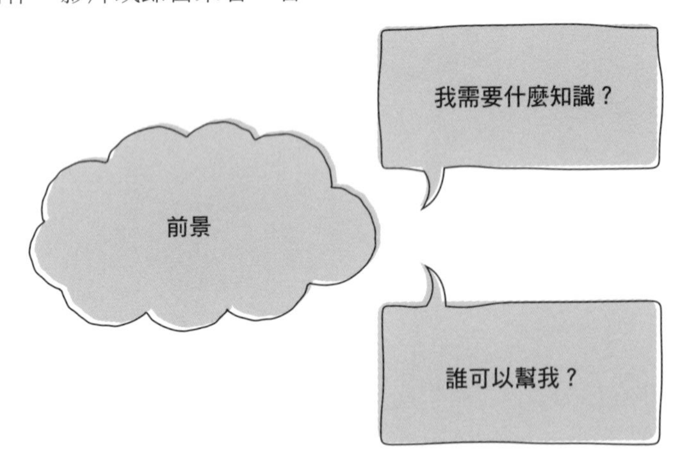

久而久之，你會刪除其中一些前景，新增其他前景，說不定你會發現兒時夢想的前景，竟成了你現在遠大的前景，或者你延伸的前景，成了你明顯的前景。探索你的職涯發展前景，當然要耗費時間和心力，所以一定要想清楚，哪一個前景

才是你的當務之急，以免你只顧著探索遠大的前景，卻忘了有機會探索延伸的前景。當你主動覺察職涯前景，自然而然會把握各種探索的機會，比方你一直想見的人，想參加的活動，值得閱讀的書，想報名的課程。

職涯前景探索的五種提示語

我們想出五種提示語，有助於探索你未來的職位。每一個提示語包含兩個問句，一個問你自己，另一個問別人。想必你會發現，這些提示語和問句剛好關乎其他四個技能（強項、價值觀、自信、人脈）。

✷1. 關於強項的提示語

詢問自己：你探索的職涯前景，如何幫助你發揮強項，尤其是你的超級強項？

詢問別人：這個職務最重視什麼技能和行為呢？

✷2. 關於價值觀的提示語

詢問自己：你探索的職涯前景，如何幫助你在工作上，忠於自我，並且活出自己的價值？

詢問別人：我對於工作的內容、地點和同事，特別重視＿＿＿＿＿＿＿＿＿＿＿＿。你覺得跟這個產業或公司契合嗎？

✶3. 關於自信的提示語

詢問自己：你探索的職涯前景，如何幫助你建立自信心？

詢問別人：這份職務可能會面臨哪些難題，特別需要個人和團隊的韌性？

✶4. 關於人脈的提示語

詢問自己：你探索的職涯前景，可以讓你在社交圈盡心「付出」並獲得「回報」嗎？

詢問別人：有哪些知識或技能還需要補足呢？

✶5. 關於職涯前景的提示語

詢問自己：你探索的職涯前景，可以為你創造其他有趣的職涯前景嗎？

詢問別人：你可以想像這個團隊未來的進展嗎？

6-4 莎拉的故事：放棄周密計畫，直接先請產假！

我是一個做事有計畫的人。過去幾年來，我做了幾次邁爾斯—布里格斯性格分類測驗*（Myers-Briggs Type Indicator，MBTI），一直有強烈的「J」偏好。J 的意思是判斷，但絕對不是愛批判喔（謝天謝地）。可是，我確實喜歡有條有理、做決策、掌控全局。我列舉幾個現實生活的例子。我攻讀 MBA 的時候，期末報告絕對是提早一個月交。連續假期怎麼過，一年前就規劃好。每次跟別人開會，我總是比預定開會時間提早十分鐘抵達。

2010 年我在巴克萊銀行任職，打算擬定職涯規劃。我的職涯規劃完全靠我自己完成，說是曠世傑作也不為過，鉅細彌遺，我把未來五年可能會發生的事情都寫出來了。我自己看了很得意，還特地約了主管聊一聊，她仔細聽完我的職涯規劃，丟給我一個問題：「為什麼你要把這些事都寫在職涯規劃上？」

---

* 註：16personalities.com 有提供免費的邁爾斯—布里格斯性格分類測驗。

這個嘛……老實說，我曾經聽過，如果想得到夢寐以求的職位，務必把該做的事情都清楚列出來，但是這份職涯規劃無關乎我的強項、愛好或興趣，充其量只是一堆我該做的事情罷了，卻沒有我真心想做的事。主管並沒有直接勸阻我，而是派我去參加倫敦小聚（Gather in London），這是一場關於領袖力的研討會，邀請許多重量級的講者，其中一位女性講者令我印象特別深，叫做齊拉・斯諾貝爾（Cilla Snowball），她認為沒必要做職涯規劃，反之每個人只要搞清楚，自己能夠為公司的職位創造什麼價值。

她鼓勵大家審慎思考每一個職涯選擇，但她也提醒在場的聽眾，只要那個選擇令你感到幸福，給你學習的機會，絕對不會差到哪裡去。她腳踏實地、親民、坦誠的風格，至今仍影響著我，從此我的想法變了，我不再做職涯規劃，我只做前景規劃。

時間快轉到九年前，我當時懷孕八個月，我待的行銷部門經歷人事大重整，我的團隊遭受嚴重波及，我自己的職位也不見了。但還好公司內部有一個類似的職位，但我左思右想就是覺得不合適，於是我直接請產假，離開那間公司。一時之間，沒了回頭路，不知道下一步怎麼走，雖然日子不太好過，我倒覺得無妨，甚至還開始期待未來了。

自從我改變自己的心態，不再做嚴密的職涯規劃，轉而探索職涯前景，倒是發現好幾個職涯選擇。我心想，我何不多花一點時間，跟海倫合力一起壯大「優職」的事業？同時，我也考慮了諮詢顧問的工作，這是我一直覺得有趣的行業，畢竟我特別重視變化性，而且我有策略思考的強項。我順便考慮了企業責任部門的主管一職，也去看了慈善機構或社會企業的職務。當我探索這些職涯前景，我恍然大悟了，原來我早就想離開打滾很多年的大企業，轉戰快速成長的小企業，培養我另外一種能力。

我探索各種職涯選擇，覺得有趣極了，卻無法下決定，可是面對房貸和托兒所的費用，我非做決定不可！我最後的選擇是結合好幾個職涯前景，一方面在快速成長的小公司，擔任兼職的常務董事，另一方面把剩餘時間貫注在「優職」。最近我回到倫敦小聚，那一個開啟我職涯前景探索的地方，這一次我受邀擔任職涯導師。

如果你跟我九年前的境遇相似，根據我的經驗，我會建議你：忘掉職涯規劃，盡情探索職涯前景，你就會找到適合的職涯。

6-5 你工作的「理由」

職涯前景是你未來想做的工作，接下來我們要思考，你每天工作的理由。賽門·西奈克（Simon Sinek）的暢銷書《先問，為什麼？啟動你的感召領導力》（*Start with Why*），建議企業先問「為什麼」，而非「什麼」。

以 Google 為例，Google 的工作內容大概是「打造全世界最強大的搜尋引擎」，工作理由是「整理全球的資料」。以「優職」為例，工作內容是「打造有影響力又可行的職涯」，工作理念是「大家都找到更適合的工作，豈不甚好？」由此可見，如果你是問「為什麼」，絕對會問出更切身相關的答案，不僅更有情緒感染力，也更有說服力。每個人的「為什麼」都不一樣，就連你如何去探索自己工作的「理由」，也是獨一無二，接下來會分享幾個好方法。

願景板

願景板用視覺呈現你工作的「理由」，這是很棒的工具，把未來計畫具體呈現出來，讓你每天都有源源不絕的靈感。

> 「我們要對自己的目標有信心，但前提是要先知道它是什麼模樣。」
> ——社會科學家法蘭克·奈爾斯（Frank Niles）

簡單來說，我們先有看見，才有信念。

做願景板練習之前，最好先做完其他練習，包括你對於職涯的理想元素和 NG 元素（第三章），以及本章的職涯前景探索。有了這些資料，再去搜尋適合的圖片，象徵你對目前和未來的期待。願景板必須涵蓋你人生各個層面，不可以只有工作目標。製作願景板有幾個祕訣和注意事項：

- 每一張圖片都要慎選，這就像設計師針製作情緒板，不僅要審慎編排，也要把每一張圖片考慮清楚，以符合他鎖定的概念或趨勢。同理可證，你挑選圖片時也要審慎專注，每一張圖片都象徵著你重視的事物。
- 願景板可以是實體或數位，端視何種形式最適合你。願景板要放在你經常看得到的地方，如手機的螢幕保護，或拼貼成一張圖板，釘在你工作室的牆面。
- 是否要與人分享你的願景板，由你自己決定。願景板是為了激勵你，給你靈感，如果跟別人分享可以有這些效果，那就放手去做吧！

- 願景板可能會需要調整。每當人生出現轉折，願景板也要跟著改變，比方有些元素會維持不變，但有些元素要替換掉，或者重新調整。

如果你需要更多靈感，不妨到我們的網站 amazingif.com，參考資源區裡有海倫的願景板。

個人宣言

如果願景板不適合你，那就試試看個人宣言吧！也可以一起做願景板和個人宣言，這兩個練習剛好互補，你會個別得到不一樣的想法。

一個合格的個人宣言，必須滿足三個條件：

1. 清楚傳達你重視的東西：你的信念、看法、動機和意圖。
2. 這會在你的職業生涯中，帶給你靈感和焦點。
3. 透過正向的語言，激勵你採取行動。

個人宣言的開場最好是：「幸福是……」在下面的空格中，填寫你腦海裡最先閃過的想法、詞語或點子。

☺ 幸福是 ________________________________

____

____

____

____

____

________________________________ ☺

個人宣言可以是一個字，一段話，一篇故事，一個小符號，反正就是要激勵你的心。寫好個人宣言之後，每隔半年拿出來重新評估，有沒有什麼地方該改寫了？等你改寫完成，個人宣言會忠實反映出你對人生的期望，還有你把什麼看得很重要。莎拉在 2012 年第一次寫個人宣言，後來她兒子麥克斯出生了，她又修改一次。

莎拉的個人宣言：思考、創造、學習

目標：

要有企圖心！你能做到的，比想像的更多。

學習：

保持好奇心，持續努力。

人際交往：

花時間跟這些人相處——你在乎的人，在乎你的人，激勵你的人，對你人生有正面影響的人。

親近照亮人的發光體，遠離榨乾人的黑洞。

認識自己：

專注於自己擅長和喜愛的事物，對於自己正在做的事情充滿愛。

做你覺得重要的工作，對別人發揮正向的影響。

幸福是：

湯姆（人生伴侶）、麥克斯（他睡著的時候），親密的家人／朋友，運動，發展和創立新事業，幫助別人稱霸迂迴而上的職涯，海邊，秋天，小說，餅乾和一杯茶。

6-6 第二部分：永不過時的技能

針對強項、價值觀、自信、人脈和未來前景，不斷發展你的核心技能，會提升你的能力，幫助你掌握職涯。這些技能是你在職業生涯中，自我反思和積極行動的深厚基礎。過去幾年，我們發現三個「大有可為」的職涯技能，未來只會越來越重要，分別是好奇心、給意見、恆毅力。於是，我們有很多工作坊開始探討這些技能，學員也覺得切身相關，受用無窮。我們接下來探討這三大技能，同樣會秉持迂迴而上的精神，在思考、想法和行動三方面努力不懈，讓你立刻行動，大獲全勝。

6-7 大有可為的技能一：好奇心

莎拉最喜愛的面試問題是「什麼會激發你的好奇心，讓你特別想學習呢？為什麼呢？」大家都覺得這個問題不好答，絕對不是因為工作沒好好做，反而是太專心工作了，把心思都放

> 「我認為在孩子出生的時候，如果可以請仙女送給孩子一份大禮，我絕對會挑好奇心。」
> ——愛蓮娜・羅斯福（Eleanor Roosevelt）

在公司，沒時間抬起頭，看一看外面的世界正在發生什麼事。然而，保持一顆好奇心，卻是發現趨勢、機會、風險和面對複雜性的關鍵，對於迂迴而上的職涯不可或缺。

心理學家兼創業家湯瑪斯・查莫洛—普雷謬齊克（Tomas Chamorro-Premuzic）認為，我們好奇的能力，不是智商決定的，而是好奇心商數（CQ）決定的[25]。一個 CQ 高的人，喜歡提問，心胸開放，有很多原創的想法。根據他的研究，一個高 CQ 的人，特別擅長面對不確定性，把複雜的問題化為簡單的解決辦法，並且會把個人發展擺在第一位。哈佛商學院教授法蘭西絲卡・吉諾（Francesca Gino）也分享過好奇心的商業案例，令人印象深刻，她發現一個會激發好奇心的企業，員工比較不容易起衝突，還會想出創新的解決辦法，公司營運會更順利[26]。

一般來說，大家不會特別重視好奇心，只是覺得在工作上有好奇心也不錯，沒有也無妨，它不是最重要的元素。我們不會刻意保持著好奇心，並期許它能在全職工作好好發揮。為了幫助你面對這個情況，這裡分享三個激發好奇心的點子，還有五個讓每天都充滿好奇心的妙招。

三個激發好奇心的點子

1. 向狐獴學習好奇心

狐獴的招牌動作，莫過於經常探出頭，左顧右盼，確認周圍有沒有危險，下一步該往哪裡去。對我們來說，狐獴就是好奇心的象徵。我們會鼓勵大家，為自己和同事製造所謂「狐獴探頭的時刻」。培養自己和團隊的好奇心其實很簡單，譬如建立 Slack 小組頻道，取名#保持好奇，把團隊會議移師到各種不同的地點，例如博物館、展場，或者每星期撥個五分鐘，讓團隊成員主動跟大家分享在其他業務或產業發現的靈感。

2. 了解你的好奇心概況

《哈佛商業評論》（*Harvard Business Review*）提供一項免費測驗，稱為「認識你的好奇心」（What's Your Curiosity Profile），做完這個測驗，你就會知道你是哪一種好奇心最為強烈。當你對於自己的好奇心有了一些概念，不妨跟別人較量一下，從知識渴望、不落俗套、追求新體驗這三個領域比一比。如果你的工作需要團隊合作，那就帶著測驗結果，到團隊會議互相分享。如果你剛好在找合作搭檔，不妨找一個跟你好奇領域不同的人，互相討論保持好奇心的技巧。

3. 募集好奇心

這是一個簡單的遊戲，我們在工作坊會帶學員一起玩。大家在這個遊戲互相分享並「竊取」好奇心，雖然人多一點比較好玩，但人數少也玩得起來喔。

遊戲規則如下：

- 找一個搭檔，分享你保持好奇心的妙招（這個遊戲通常是站著玩）。
- 你和你的搭檔兩個人，再另外找兩個人，四個人一起分享保持好奇心的妙招。

- 重複這個流程，最後大家會在所有人面前，分享自己保持好奇心的妙招。

這個遊戲玩到最後，你會收集到無敵多保持好奇心的妙招。接下來，我們兩個人會各自分享五個保持好奇心的妙招，你不妨從裡面偷幾個有趣的，自己私底下試看看吧！

✴ 莎拉保持好奇心的五妙招

1. **訂閱英國獨立雜誌平台 Stack**

   這是線上雜誌訂閱服務，每個月寄給你不同的雜誌，你永遠不知道自己會收到什麼，可能一下子收到狗寫真雜誌，一下子收到波蘭經濟雜誌！

2. **每個月見一個「來路不明」的人**

   我安排自己每個月至少見一個新朋友，但我對於聚會本身並不預設內容或結果；其中有幾次聚會聊得很愉快，雙方還談起了合作，甚至成為好朋友。

3. **一起培養好奇心**

   你身邊還有誰也想要培養好奇的習慣，不妨找一件事情，一起去學習吧！舉例來說，我們在「優職」的 Instagram，每個月會分享一則書評，我和海倫都讀了同一本書，分享我們各自最愛的句子，以及我們對於這本書有什麼不認同的地方，這本書是否推薦大家閱讀。因為堅持做這件事情，讓我閱讀了本來不會讀的新書。

4. **找一些天生有好奇心的人和網站**

有些人和品牌就是特別有好奇心，這裡跟大家分享我的最愛，第一個是 thecoolhunter.net，堪稱全球創意中心，涵蓋設計和美食等領域，第二個是自詡為「激勵社交圈」的 dolectures.com，有各種創意激昂人士的演說，絕對會激發你的靈感。

5. **盡情嘗試**

根據我的經驗，學習任何事情，最好是親自嘗試。我曾經很好奇聊天機器人的原理，2018 年我們試著設計聊天機器人，希望大家閱讀這本書的時候，聊天機器人已經在網站上服役了。如果最後沒成功也沒有關係，你仍會從錯誤和失敗中學習，把錯誤改正。我們的哲學很簡單：完成比完美更重要。

✶海倫保持好奇心的五妙招

1. **追隨 YouTube 的風潮**

   近年來，YouTube 成了我抒發好奇心的管道，比方我們剛開 Instagram 頻道的時候，我不知道該如何經營社群，造福更多人，於是花時間觀賞 YouTube 影片，聽大家的建議，把該看的影片都看了，確實獲得很多寶貴的意見和祕訣，不斷改良我們刊登的內容，以及我們回覆追蹤者的方式。

2. **問大家都在聽什麼播客**

   試聽新的播客，總是會刺激我思考。我愛聆聽各種新觀點和新點子，我發現趁開車或通勤的時候聽，一下子就能我的激發好奇心，所以我最愛跟大家寒暄的話題，莫過於「最近聽什麼播客呀？」這個問題會幫助我認識對方，順便多訂閱一些新頻道。

3. **跟計程車司機聊天**

   莎拉聽到這個建議，會忍不住想笑。我跟誰都可以聊，我超愛跟計程車司機聊天，了解他們的生活和歷練，他們總是有很多精彩的故事，而且過著迂迴而上的職涯。你聊天的對象不一定非得是計程車司機，像我搭火車、搭飛機或喝咖啡，都會找不認識的人聊天！當然我會看狀況，確認當時的場合可以聊天，對方也願意跟我聊。我一直很好奇別人的人生，所以這些偶然的對話，總是帶給我滿滿的活力。

4. **使用 Feedly 程式**

 現在有太多東西要讀了，有太多激發靈感的來源，如果要一直追逐新知，真的挺累人！Feedly 是很棒的 App，不僅免費下載，也容易上手，把所有的新知集結於此，讓你把網站分門別類，無論是觀看 YouTube 影片（滿足我第一個建議）或閱讀文章，都不會有廣告干擾。我省掉開信或搜尋網站的時間，專心閱讀我好奇的內容，從而看見我本來會漏掉的東西。

5. **嘗試全新 App**

 我有科技魂，喜歡嘗試各種新的 App。我在雜誌或蘋果每日（Apple A Day ）App 看到任何推薦，隨即會下載試用。我不一定會養成使用的習慣，只不過實際試用了，可以幫助我創意思考，想出更多新點子。

你是如何保持好奇心呢？

我們分享完了，現在換你想一想，你希望如何保持好奇心？你會怎麼做？

✶ 今天我保持好奇心的五個妙招

在下面的空格，填寫你保持好奇心的方法。

1. ______
2. ______
3. ______
4. ______
5. ______

想一個方法，幫助你工作的團隊保持好奇心。

______

______

______

______

______

6-8 大有可為的技能二：給意見

給意見，是在給人禮物……理論上是這樣沒錯！根據 2012 年葛瑞琴・史畢茲（Gretchen Spreitzer）和克莉絲汀・波拉森（Christine Porath）發表的研究，公司給員工意見，就是幫助員工成長的不二法門[27]。給人意見，不僅製造學習機會，還會給對方動力。重要的是，科學研究顯示，越是立即直接的意見，越有效。

> 「意見是成功者的主要養分。」
> ——作家及演講者肯尼斯・布蘭查德（Kenneth Blanchard）

給意見可能會面臨的阻礙

只不過，有一些事情可能會阻饒我們，讓我們無法給個人或組織好意見。每次在工作坊探討這個主題，總會請大家聯想有哪些詞語跟給意見有關，把這些詞語分成三大類：正向、負向、中性。大家分類的結果有族群之別，但絕大多數人都聯想到負面的詞語；既然以負面居多，大家就不敢隨便給意見或徵求意見了。如果以前別人給過你意見，傷了你的自信，你以後是要鼓起多大的勇氣，才敢再去問別人的意見呢？畢竟人腦習慣去閃躲危險。

給意見是一種技能，大多數人並沒有受過訓練，也沒有經常練習的機會。我們擔心給了意見，人家聽了會不悅，所以乾脆逃避，不說出口。

現在面對迂迴而上的職涯，給意見變得更難了，例如實施遠距辦公，公司部門跨越不同地理區，專案團隊的成員來來去去。當大家面對面互動的機會減少了，短暫的工作與跨文化的團隊成員為常態時，我們回饋的意見必須顧慮工作的環境。

澈底坦率

有一些公司換個新角度，重新看待給意見這件事，也就是所謂的澈底坦率（radical candour），不妨回想一下第四章〈自信〉，海倫跟大家分享的故事。澈底坦率的概念至今仍很流行，受到矽谷大公司的青睞，例如 Facebook 和 Google。金．史考特是《澈底坦率：一種有溫度而真誠的領導》的作者，依照她的定義，這是「關懷個人，直接挑戰」，她認為用這種態度，不僅會把人生過得好，也會維持良好的職涯關係。

英國新創公司 CharlieHR 的創辦人羅伯・奧多諾萬（Rob O'Donovan），在公司上下執行澈底坦率，他們是怎麼落實的呢？舉個例子，每個星期一，工作團隊會花一個小時，坐下來給彼此意見。羅伯先當箭靶，大家主要都是說負面的意見，比方有人批評他的信件，寫得又臭又長，他感謝對方給的意見，承諾他以後會寫得簡單明瞭。他坦言，這麼做並不容易，但只要大家奉行這個理念，企業領導人也願意身先士卒，絕對會有好結果。羅伯發現他的團隊可以更快發現問題，及時處理，團隊成員之間的情誼也更深厚了。不過，他也坦承澈底坦率並不適合每個人，而且時間久了，大家就容易鬆懈，所以每隔一段時間，就要再激勵一下士氣，提醒大家多多給意見。

如何給意見

✴切身、即時、定期

我們關於「給意見」的經驗，通常落在兩大類：

第一類是正式給意見，公司每隔一兩年，定期舉辦績效評估管理。

第二類是非正式給意見，有些公司並沒有正式給意見的管道，員工之間只好私下給意見，或者根本不給意見。

這兩種類型都不理想，最好的意見要跟個人的目標切身相關，而且要定期即時講出來。我們認為給意見要滿足三個條件：切身、即時、定期，把給意見這件事融入日常工作中。

- **切身：**如果你要給別人意見，盡量具體一點，契合對方的情況。你給的意見越是切身，越有幫助，比方你誇讚對方簡報做得很棒，一定要具體說出哪裡棒：

  「我覺得你今天的簡報，對所有團隊成員都有幫助，
  你提到的內容，大家都很有共鳴，可見你在這個主題
  投入不少心力。」

  如果你還趁機提到對方的強項和發展潛力，那就更棒了：

「我覺得你今天的簡報，對所有團隊成員都有幫助。我們之前聊過，說故事的能力可以影響別人，說服別人，我今天總算親眼見識到了。請繼續努力，太厲害了！」

- **即時：**給意見的時機，盡量挑在相關行為發生後不久，千萬不要傻傻等到你跟主管見面，或者正式評估會議再說。如果你對於某一個專案、會議或簡報有意見，不妨直接說出你具體觀察的東西，對方聽了意見就立刻回想來龍去脈，獲益良多。如果有需要改善的問題，你也有機會立刻補救，盡快行動。
- **定期：**一旦養成給意見的習慣，無論是給意見的人或是聽取意見的人，心裡都覺得輕鬆許多，不妨把給意見這件事，融入日常工作流程中，絕對會幫助每個人。一旦澈底坦率融入公司文化，有一個好處，這會成為「大家行事風格的一部分」。近年來，微軟公司上下都奉行成長心態，鼓勵員工給意見和納雅言，會透過定期安排好的會談——「聯絡感情」。有了這樣的氛圍，給意見成為一件非做不可的事，值得鼓勵的行為。

「一切還順利吧／……會更好」

「一切還順利吧／……會更好」是我們互相給意見的技巧，我們在工作坊徵求學員的建議，也是採取這種句型。我們試過很多方法，但還是這個句型最好用，主要有幾個理由。說到給意見這件事，語言事關重大，「……會更好」這句話很正向，可以幫助別人成長。2004 年學者艾蜜莉．希菲（Emily Heaphy）和諮詢顧問馬歇爾．羅莎達（MarcialLosada）研究發現，每說一個批評，至少要再多說五個讚美，才能夠互相平衡[28]。然而，只要套上「……會更好」的句型，任何意見都變得更正向了。

「一切還順利吧／……會更好」這兩個句型，適合私底下立即給意見。例如，一開完團隊會議，直接傳 WhatsApp 或 Slack 訊息，很多企業都採用了這種給意見方式。英國食品製造零售商 COOK，2019 年在《太陽報》最佳雇主排名第十四名，也是首屈一指的製造商。COOK 是我們最早的客戶，隨即採用了「一切還順利吧／……會更好」的給意見句型，在每個業務層面有卓越表現。例如在 COOK 零售店鋪中「一切還順利吧」這句話，已經成了歡迎顧客和提供建議的開場白。

「……會更好」，可以加速試吃流程，對於新品牌的產品有更深的認識。至於在 COOK 的廚房裡使用「一切還順利吧」這句話，可以確保生產計畫順利，或者讓新菜餚更快推出；「……會更好」這句話起了改善作用，提醒員工在每次換班之前，記得要預留清理的時間。

情境／結果／影響的表達結構

除了「一切還順利吧／……會更好」之外，「情境（Situation）／結果（Result）／影響（Impact）」也是另一個表達模式，簡稱 SRI 句型。若要提供別人建設性的意見，尤其是特別難以啟齒的，不妨試試看這種表達模式，絕對會幫助你保持客觀。

範例：

「上星期大家邀請你支援新專案（情境），你的答覆會給人一種防備和懶得幫忙的感覺（結果），這樣別人會以為，你只想管好自己的職務，卻不顧整個團隊的成敗（影響）。」

套用這個表達結構，一來你要跟別人討論的內容，大致有一個雛形，二來等到你要說出口，心態會自在多了，這樣你跟對方討論的氣氛也會比較好。

你給的意見管不管用呢？問自己下面三個問題

1. 你最近一次給別人正向意見，是在什麼時候呢？
2. 你最近一次徵求別人意見，是在什麼時候呢？
3. 你是否習慣每星期透過「一切還順利吧／……會更好」的句型，自己給自己意見呢？

6-9 大有可為的技能三：恆毅力

安琪拉．達克沃斯（Angela Duckworth）是恆毅力的權威，所謂恆毅力，是持續朝著長期目標努力，她在《恆毅力》這本書探討成

> 「恆毅力是把人生當成馬拉松，而非短跑比賽。」
> ——安琪拉．達克沃斯（Angela Duckworth）

功人士的成功之道，結果發現恆毅力不是與生俱來，而是天賦加上努力的結果。此外，任何成就也是靠努力。由此可見，努力還有恆毅力，比天賦還要重要兩倍。

天賦×努力＝技能

技能×努力＝成就

說到努力，一定要提到知名的「一萬小時法則」。自從麥爾坎．葛拉威爾（Malcolm Gladwell）出版了《異數》（*Outliers*），相信有很多人都聽過「一萬小時法則」，無論是運動員或音樂家，為了有頂尖表現，都必須練習一萬小時。最初的研究是出自安德斯．艾瑞克森（Anders Ericsson）以及羅伯特．普爾（Robert Pool），他們印證了刻意練習（deliberate practice）的重要性。刻意練習是對自己誠實，清楚自己想精進什麼，然後找到最棒的方法，不管再怎麼困難，再怎麼辛苦，也要持續練習。艾瑞克森和普爾的研究，分享在《刻意練習：原創者全面解析，比天賦更關鍵的學習法》（*Peak: How We Can All Achieve Extraordinary Thing*），主張每個人都有精進的能力，只要訓練方式正確！你刻意練習的時間越多，表現就越出色，唯一能限制你的，只有你自己。

現代人經常換工作，甚至換跑道，現在最吃香的莫過於可以跨領域使用的技能，而非只適用於特定職務的技能！無論你選擇朝哪方面努力，恆毅力都會把技能化為成就，更何況恆毅力是可以培養的，下列幾個方法，有助於你立刻採取行動：

1. **做你動心的事**

你現在做的事，能不能解決你關心的問題。瑪麗亞·波波娃（Maria Popova）設立了名為「腦力激盪」（Brain Pickings）的網站，反映出她動心的事，她期許「自己的人生過得還不錯，獨立自主，充滿意義」。「腦力激盪」是一個免費的網站，至今運作十多年，完全靠讀者捐獻維生。現在問你自己「什麼會令你動心呢？」一定要找時間，探索你動心的事。

現在的職涯越來越迂迴，到底要朝著哪方面努力，變成一項重要的抉擇。你呢？什麼事會讓你想付出時間，刻意練習呢？為什麼？

2. **每天都要進步**

努力精進自己，做一個比昨天更好的人。每天都要花時間想一想，有什麼值得感謝的事，有什麼事情做得很棒，但同樣重要的是，每天也要反省哪些事還可以做得更好。

寫日記是一個好方法，可以記錄你感謝的心情，你還有哪些進步空間。近年來，感恩日記突然流行起來，不妨趁你做這個練習的時候，順便計畫隔天你如何做得更好，希望你每一天都可以完成前一天的期許。不過，沒有人是完美的，就算你沒有完成，也不用擔心。你可以再延後一天，或者把未竟之事圈起來，提醒自己以後再來完成。

3. **把目標放大**

一個有恆毅力的人，通常懷抱著超乎個人的偉大目標。最激勵人心的例子，莫過於創業家大衛・海厄特（David Hieatt），他創立了冰球戶外服裝品牌 Hiut Denim 以及顧問諮詢公司 Do Lectures。他創業不只是為了有一門賺錢的事業，他還要刺激威爾斯地區的經濟繁榮，否則全球外包的趨勢，一直在重創當地的經濟。海厄特也展開了 Do Lectures 計畫，催生了 200 個企業，讓這個世界變得更美好。

現代職涯經常會提到志向，大家總以為志向一定要跟社會或慈善有關。事實上，把目標放大，只是把你的專業目標連結另一個更大的目標，可能是放眼整個企業或產業，也可能是放眼全國或全球。把目標放大的第一步，是找出這兩件事的關聯，一是你自己想做的事情，二是你組織存在的意義。

4. **成長心態**

最有恆毅力的人，都知道腦袋是可塑的，無論我們累積了多少經驗，無論我們有多麼成功，總會有繼續學習的可能，像微軟執行長薩帝亞·納德拉（Satya Nadella）就擁有成長心態，這是他本人持續成長、微軟東山再起的關鍵。即便他領導全球最大的公司，他仍然期許自己：「我必須能夠停下來想一想『我有時候是不是思想太保守了？是不是沒有展現成長心態？』」[29]

培養你的恆毅力

針對下列四個層面，為自己打分數，分成低、低／中、中、中／高、高，想想看可以怎麼改進，並可參考下方的範例。

✴做自己心動的事

低　低／中　中　中／高　高

←————————————————→

該如何改進：＿＿＿＿＿＿＿＿＿＿＿＿＿＿＿＿

＿＿＿＿＿＿＿＿＿＿＿＿＿＿＿＿＿＿＿＿＿＿

範例：想一想你的工作，寫下令你好奇和著迷的問題。或更一步的思考，有沒有你特別想要解決的問題呢？

✴每天都要精進

低　低／中　中　中／高　高

←————————————————→

該如何改進：＿＿＿＿＿＿＿＿＿＿＿＿＿＿＿＿

＿＿＿＿＿＿＿＿＿＿＿＿＿＿＿＿＿＿＿＿＿＿

範例：連續八天寫學習日誌（包括週末），每天記錄你學到的東西，還有隔天你想要精進的事物。

✷把目標放大

低　低／中　中　中／高　高

←——————————————————→

該如何改進：＿＿＿＿＿＿＿＿＿＿＿＿＿＿＿＿＿＿＿＿

＿＿＿＿＿＿＿＿＿＿＿＿＿＿＿＿＿＿＿＿＿＿＿＿＿＿

範例：拿出一張紙，畫一條中線，左邊寫下你每天去**工作的理由**，一直寫到你想不出來為止。右邊列出**你公司存在的目的**。現在來連連看，你可以把兩邊的理由連起來嗎？比方，莎拉其中一個工作的理由是想出新點子，她任職的創意機構剛好會舉辦創意活動，開放民眾參加，這樣不就串起來了嗎？

✷成長心態

低　低／中　中　中／高　高

←——————————————————→

該如何改進：＿＿＿＿＿＿＿＿＿＿＿＿＿＿＿＿＿＿＿＿

＿＿＿＿＿＿＿＿＿＿＿＿＿＿＿＿＿＿＿＿＿＿＿＿＿＿

範例：未來一週，注意你在什麼時候，沒有展現出成長心態，反思你面對問題時，通常會怎麼應變。你是會防備、生氣、靜默、冷漠還是沮喪？每當你有這些表現，不妨問自己「我可以從中學到什麼」，讓自己回歸成長心態。

6-10 讓自己大有可為

你已經花了時間，檢驗自己的好奇心、給意見的能力、恆毅力。這些都是對職涯愈來愈重要的技能，所以你現在採取行動，絕對會開啟更多成功機會，探索更多未來的職涯前景。

從現在起，撥一些時間、精力和心力給未來，你會發現你的職業生涯，有好多有趣的機會等著你。

下一章會提醒大家，別急著在同一時間，以相同的步調精進各種技能。你不妨挑選你目前最重視的技能，一小步一小步慢慢來。未來永不過時的技能，從現在就開始培養吧！千萬不要等到未來再來煩惱喔。如果你等到要換工作或換跑道，再來考慮本章介紹的三大技能，恐怕會拉長你的過渡期。

本章重點整理

1. 人生三階段（受教育、工作、退休）已經過時了，取而代之的是多重階段式人生，以及不斷轉換工作和換跑道的迂迴職涯。
2. 放下職涯規劃，盡情探索職涯前景。
3. 找出你明顯的前景、遠大的前景、夢想的前景、延伸的前景。
4. 為了發現更多職涯前景，你一定要先搞清楚，你需要什麼知識，有誰可以幫忙你。
5. 職涯前景關注的是「什麼」，職涯願景關注的是「為什麼」。
6. 運用願景板或個人宣言，寫出吸引你、激勵你的一段話，彰顯你生命中最在乎的事，以及你對未來的期待。
7. 讓自己持續努力，具備永不過時的技能。
8. 好奇心商數（CQ）比較高的人，比較會處理曖昧不清的情境，以簡單新穎的解決方法，化解複雜難解的問題，為公司創造更好的前景。

9. 給意見應該要符合三個條件：定期、即時、切身。每一個負面的意見，至少要搭配五個正面的意見，不妨善用「一切還順利吧／……會更好」這兩個句型。

10. 恆毅力比天賦更重要，更攸關成敗。培養恆毅力的方法有幾個，包括做你動心的事，每天都要精進，把目標放大，採取成長心態。

「一馬當先的祕訣，就是立刻行動。」
馬克・吐溫（Mark Twain）

總結

擁抱迂迴而上

五大技能總複習

我們進入最後兩章之前（第七章〈迂迴而上的職涯有哪些難題〉、第八章〈100 個職涯建議〉），先來複習大家看到目前為止，關於五大核心技能的重點。

當你踏上迂迴而上的職涯，首先，**第二章關注超級強項**。如果你知道自己擅長什麼，你會更樂在工作，吸引更多有趣的機會，帶動整個團隊的生產力。第二章建議你四個步驟，幫助你發現並展露強項，在職場上脫穎而出。

第三章探討價值觀。價值觀會在背後激勵你，驅動你，這是你之所以是「你」的關鍵。當你認清自己的價值觀，你會在職場做自己，做決策也會快、狠、準，對別人也會更有同理心。不過，確認自己的價值觀，恐怕需要時間，所以我們建議大家幾個工具：反思、聚焦、掃描、排序和界定，找出你在職場最在乎的事情。

第四章深入探討自信，教大家建立對自己的信心，培養韌性和恢復力。你會揪出魔鬼般的自卑心理，以免它妨礙你做重要的事；你還要囚禁魔鬼般的自卑心理，以免它成了你的絆腳石。我們建議大家要回顧自己的成功事蹟，還要建立強大的人際支持系統；最後，我們還分享幾個為自己打氣的妙招，包括注意你說的話，注意你的肢體語言，多練習就會趨近完美。

第五章探討人脈。我們把建立人脈這件事，定義成「大家互相幫忙」。你想為自己的人脈力解鎖嗎？不妨把付出看得比接受更重要，這就是所謂的「職涯因果業報」。有強大的社交圈，才可以建立有意義的人脈，接觸多元觀點，確立個人品牌。我們介紹了幾個工具，協助你評估自己的社交圈，確認你在建立人脈時，有沒有做到看清楚、想清楚和多元性。

最後，**第六章我們前進未來！**職涯規劃和職涯目標都過時了，我們現在能做的只有探索未來職涯前景。你會找到四種職涯前景（明顯的前景、遠大的前景、夢想的前景、延伸的前景），然後從今天開始行動。我們還介紹幾個「大有可為」的職涯技能：好奇心、給意見的能力、恆毅力，這些絕對值得你投注時間和精力，讓自己在未來的職涯永不過時。

從小處著眼、寫筆記、分享、持續努力

你都已經看到這裡了，我們衷心希望，你寫了滿滿的筆記，滿滿的摺頁，準備採取很多的行動，包括覺察並發揮你的強項、活出你的價值觀、囚禁你的魔鬼般的自卑心理、建立人脈、探索職涯前景。這些技能絕對會幫助你，實現這本書對你的承諾：放下職涯階梯，發現機會，打造適合你的職涯。

你已經啟動自我覺察和個人發展的肌肉。如果想維持肌肉，當然要繼續訓練和練習，「職涯健美」不是夢！

迂迴而上的職涯，其實充滿著機會，有了我們提供的工具和建議，你可以打造一個令你幸福、滿意和成功的職涯（任何你覺得有意義的職涯）。工作是人生重要的一部分，當然要把握每一個機會，把職涯過得越精彩越好。

我們進入最後兩章以前，再給大家三個建議，順利稱霸迂迴而上的職場：

1. 開始行動，努力不懈

這本書提供的工具和建議，對你每個職涯階段都有幫助，一定要反覆地看。這些練習題也要反覆地做，確認自己有哪些改變。只要你不停止學習，無論是自己或是職涯，一定會持續成長和發展，你也會獲得新的想法，並且付諸實現。

2. 跟別人分享這些工具

這些練習題和工具多使用幾次，就會更上手，對你職涯的幫助越大。此外，你可以運用這些工具去幫助別人，讓更多人也在職場發揮自己，改變未來。

3. 立刻採取行動

這本書中的每一個練習，都在鼓勵你先思考後行動。我們人生總會有一些事情來攪局，讓我們把個人發展擺在末位；可是，這世上還會有誰，比你更在乎你的職涯？你的未來由你掌握，所以你要採取行動。當你跨出第一步，自然會加速發展，引發正向改變。

立刻採取行動，再小的行動都沒有關係。投資自己和你的職涯，你絕對不會後悔。

在迂迴而上的職涯保持聯絡

凡是對你職涯有幫助的人，一定要跟他們持續分享你的情況。我們有很多聯絡方式，也建立很多社群，在你看完這本書以後，仍會一路支持著你。我們很期待聽到這本書對你有什麼幫助，如果你仍有想不通的問題，我們也會盡力為你解答。

以下是我們的聯絡方式：

寫信給我們：helenandsarah@amazingif.com

下列三個地方，有更多參考資源：

Instagram：@amazingif

追蹤我們的粉絲專頁，每天會分享職涯發展的妙招和工具，別忘了加入我們的優職社群。

播客：迂迴而上的職涯（Squiggly Careers）

每星期更新一次的節目，除了針對各種職涯議題分享可行的意見，每個月還會邀請發人深省的專家來賓，請他們分享職涯智慧。

網站：www.amazingif.com

這裡提供的文章和線上課程，會是你職涯發展的後盾。

最後，願你在迂迴而上的職涯，可以幸福快樂！

PS. 翻到下一頁，第七章教大家在迂迴而上的職涯，該如何處理各種疑難雜症。第八章提供 100 個職涯建議，帶給大家無盡的靈感。無論是第七章或第八章，都有一些實用妙招和有見地的智慧，絕對會幫助你自己、你朋友和你同事。

Helen Sarah

海倫和莎拉

ch. 7
迂迴而上的職涯有哪些難題

我們做培訓、管理和教練，觀察到幾個現今職涯常見的難題，不管是什麼年齡、年資、職位、產業、性別或地區都無法倖免。第七章針對大家經常發問的七個問題，分享我們的意見，建議你該怎麼行動。其中，有一些問題在迂迴而上的職涯，反而變得更迫切，例如「我該在工作之餘從事副業嗎？」或是跟職場有關的問題，例如「我該如何拿捏工作／生活的平衡？」雖是大家熟悉的問題，但答案可能要與時俱進，反映出職場瞬息萬變的特性。

我們回覆問題時，融合了科學研究、個人觀點和經驗，其中有很多難題，跟前幾章的內容有關，我們會再提醒大家。我們也會推薦一些好讀物、好影片或好播客，幫助你深入理解特定主題。

如果你想直接鎖定對自己而言最迫切的難題，先翻到下一頁，看我們收錄了哪七個難題。

7-1 我該在工作之餘從事副業嗎？

先來解釋一下，什麼是副業？所謂的副業或兼職，就是主業以外的工作，主業收入會確保你的生計沒問題。近年來，大家開始流行在工作之餘，從事一個以上的副業，從大家介紹自己工作的方式，就可以看出這種趨勢了。

傳統的職稱逐漸沒落，取而代之的是無數的斜槓，例如行銷人員／作家／募款專員，或者廣告文案人員／音樂家／街頭小吃美食家。現在斜槓已成了主流，不禁令人想起達文西，他的謀生方式不只一個，包括建築師、藝術家、音樂家、數學家、發明家、工程師。

現代人的副業意識高漲，對副業的接受度高，也不怕讓別

人知道，這反而提升了現代勞工的自由度，於是有越來越多人問：「我該來從事副業嗎？」

副業有很多形式和規模，每個人的動機不盡相同，有幾個理由時有所聞，可能是想解決問題，或者嘗試新行業。依我們的經驗，副業跟個人興趣也有關聯。你開啟任何副業之前，最好先問自己：「為什麼要做這個副業？我的動機是什麼？」我們會分享幾個真實的副業案例，這樣會比較生動有趣，每個案例分別有不同的起點。如果你已經決定好副業，或者你已經在忙副業了，直接跳到第二部分，我們分享了五個大絕招（第 260 頁），讓你的副業大有斬獲！

✴ 為了興趣的副業

這類型的副業大致貼近你的嗜好，給你機會做一些有興趣的事情，通常跟你目前白天的正業無關。這些副業不在乎收入，說不定只是做著玩，純屬實驗性質。例如我們有一位合作夥伴漢娜，她正在寫一本書，這本書會跟著她一起變老，她的書反覆訴說著相同的故事，只是換個角度說而已，一路從 5 歲小女孩的角度，少女的角度，到她現在 30 歲女性的角度。漢娜白天是一位策略專家，一來藉著這本書，嘗試創意寫作，二來有益身心健康。

✷ 為了解決問題的副業

有些副業的緣起，是為了解決問題，或者滿足市場缺口。

我們工作坊的學員安娜莉絲，白天是人資專員，她分享自己為了解決問題，開啟了一項副業：

「當時我正在規劃婚禮，到處跟朋友開婚前派對，卻找不到個人化的裝飾，2018 年我跟「優職」的創辦人會面後，不再拿「沒時間」當藉口，而是用自由盆（Freedom Pot）*的經費，買了一台機器，裁切手工藝的圖案和圖片，從此開啟我的副業。我每次都很期待下班回家創作，所以我整個人更有活力了。不到六個月，我已經看到副業帶來的好處。我整個人更有創意了，也更擅長使用社群媒體，時間管理能力也變好了，還多了一些收入。」

---

* 註：安娜莉絲的公司提供員工培訓基金，稱為「自由盆」，只要是跟個人發展有關的用途，員工都可以自由花費。真棒的計畫呀！

✷ 為了試水溫的副業

有一些副業是為了試水溫，試試看有沒有可能闖出大事業。如果你心目中有商業理念想實現，以副業的形式進行，不失為聰明的方法，風險比較低。試水溫是必要的，42%新創企業會失敗，是因為市場不需要他們的產品和服務[30]。除非是慈善事業，否則這類型的副業到了某個階段，通常會以賺錢為目的。Kindeo 是專為家庭設計的 App，讓大家在線上分享和儲存故事。賽博・洛伊斯（Seb Royce）是創辦人之一，他剛開啟副業的時候，白天仍在廣告公司擔任執行創意主管。現在有幾個成功的企業，也走過類似的路，例如 Slack、WeWork、推特、Groupon 和 Instagram。

副業帶給你學習、認識新朋友和追求興趣的機會。

充實你的副業

我們有十多年經營副業的經驗，再集結其他「副業達人」的建議，下面分享充實副業的五個大絕招：

1. **起步**

   說到搞副業這件事，完成比完美更重要。記住了，這是你不受白天正業所限制，放手嘗試新事物的時候了，聽起來很簡單，但實際做起來呢？通常有一點困難。你心想，除非有更多的時間、資金或專業，否則不可能會進步，於是一直拖延，始終不按下「啟動鍵」。事實上，最棒的學習和精進方式，是直接起步。開啟副業有一個好處，因為同時要投入主業和副業，所以要有強大的排序能力。你在排序的時候，一定要記住，有沒有行動最重要，完不完美倒是其次。

2. **合作**

   找別人一起做副業有幾個好處，你可以分散工作量，拓展人脈，認識志同道合的人。一個人做副業，當然也是選項，如果你有自己的興趣和構想，希望自己去探索，不妨加入實體或虛擬的社群，也可以享受合作的好處喔。史蒂芬妮・布羅德里布（Stephanie Broadribb）是專業職涯教練，身兼犯罪小說家，寫作是很個人的事情，但她希望有作家朋友，於是她聯合其他作家，一起在英國各大監獄，舉辦創意寫作工作坊。

3. 分享

貴人無所不在，盡量跟大家分享你的副業吧！你逢人就分享的話，久而久之，你跟別人訴說自己的構想時，絕對會更有信心。當你展現對副業的熱情，大家會覺得跟你聊天更有趣了。如果你的副業跟主業有關，不妨寫在你的履歷上，或者 LinkedIn 和 The Dots 的個人檔案上。

4. 學習和大躍進

把每一個副業都當成認識自己的機會：你喜歡做什麼呢？什麼事情會令你沮喪呢？你想投入在什麼事情上？什麼會妨礙你前進呢？這些都會提升你自我覺察「銀行」的存款，往後你在迂迴而上的職涯，就可以盡情發揮了，絕對不只是對你副業有利。每開啟一個新副業，對你而言都是大躍進，就算你搞得一場糊塗，你仍會學到教訓，知道這條路不可行，改走下一條路。

5. **樂在其中**

如果做副業並不快樂，那就有問題了。副業是你在工作之餘，發揮強項並活出價值觀的機會。一旦你覺得不有趣，或者壓力太大，那就立刻停手，換別的副業做做看。人生苦短，何必浪費時間，做令你不開心的副業呢？

延伸學習

- 我們的學習資源：收聽我們迂迴而上的職涯（*Squiggly Careers*）播客節目，第三十一集探討「該如何開啟副業」（How to Start a Side Project）。
- 好讀物：《飛在自己的天空裡》（*Do/Fly: Find Your Way. Make a Living. Be Your Best Self*），葛文・斯崔奇（Gavin Strange）著。
- 好影片：蒂娜・羅斯・艾森伯格（Tina Roth Eisenberg），《專心創造，別抱怨》（*Don't Complain, Create*，Vimeo 平台）。
- 好 IG 帳號：@emmagannonuk。

7-2 我怎麼找到職涯導師？

第五章探討過建立人脈的重要性，在職涯發展的路上，一定要找到支持你的人，其中一些人就是職涯導師。所謂的職涯導師是「會提供你意見、建議和想法，幫助你學習和發展」。職涯導師經常是你職涯成功的幕後功臣，聰明青年志工基金會（Smart Youth Volunteers Foundation）創辦人是一位迦納人，名叫萊拉．吉菲．阿基塔（Lailah Gifty Akita），她認為「每一位偉大實現者背後，都有一位偉大的導師，一直鼓舞著他」。

只不過，大家通常不知道該如何尋找合適的導師，展開一段導生關係。針對這個難題，我們先破除大家對導師的迷思，再提出三個思考問題，幫助你找到適合的導師，最後我們列舉幾個例子，讓大家知道該如何開口找導師。

五個關於導師的迷思

✶ 迷思一：導師越資深越好

所謂的職涯導師是「會提供你意見、建議和想法，幫助你學習和發展」，不一定越資深就越好。現在是迂迴而上的職涯，如果只找資深的導師，恐怕對你的職涯發展會很有限。因此，企業開始推出逆向導師制度，讓年輕員工來指導年長員工或資深員工；尤其是在數位、多元和包容等議題，年輕人的想法反而有獨到之處。如果公司沒有導師制度，你也可以自己創造各種機會。我們最近培訓的學員，在前一份工作鍛鍊出大絕招，現在的主管發現她有這個才能，請她擔任同事的簡報導師，這剛好是她一直想精進的領域。

✶ 迷思二：導生關係要夠長

有益的導生關係，不是只有「終生陪伴型」而已，也可能只是打電話聊過一次天。我們在迂迴而上的職涯，不僅要找更多的導師，還要建立更多短期的導生關係。如果你經常轉換職務、換產業和換職業，勢必要順應你全新的工作環境，調整導生關係。一般來說，只要對雙方還有價值，導生關係就應該維持。

✴迷思三：沒有人想要指導我

建立人脈是「大家互相幫忙」，一般人都喜歡幫忙別人，一有這種機會，都會萬分珍惜。說到導生關係，大家總以為受惠的只有被指導者，導師拿不到任何回報。事實上，我們跟導師聊過，才知道對導師來說，導生時間是導師每星期最喜愛的時光。如果你還沒有當過導師的經驗，一定要找機會做做看。當你成為導師，無論是哪一個領域，你將親自體會到，雙方都會從導生關係獲益良多。

✴迷思四：導師是「求」來的

導師這個字，聽起來好正式，彷彿要投入很多時間。如果你想請人指導，並不用提出太正式的邀請（例如「你可以當我的導師嗎？」），與其這樣問，還不如直接問對方，願不願意撥個空，跟你通個電話，或者碰個面，聊一聊你需要諮詢的議題。為什麼這樣比較好呢？有幾個原因：一來是對方比較有可能答應你，因為沒什麼負擔，你給對方很大的彈性，二來是你把自己的需求表達清楚，即便對方幫不了忙，通常也願意建議你其他合適的人選。再來是非正式的會面，雙方有機會「來電」，一拍即合，順理成章建立長期導生關係。就算只是一次性談話，也會是相當成功的導生對話。

✴迷思五：你跟導師必須有認識

說到一對一的導生關係，好處是你獲得的建議和意見，完全是私人訂製，針對你特定的條件、機會和挑戰來量身打造。然而，現在科技這麼發達，我們可以接觸更多激勵人心的導師，雖然你不認識他，他仍會幫助你在職涯一路學習成長。這稱為「遠距學習導師」，不妨找一兩位遠距學習導師，花一點時間了解他們的作品。

以莎拉為例，她的遠距學習導師是社會哲學家羅曼·柯茲納里奇（Roman Krznaric），她從未見過羅曼，但是她花時間了解羅曼最新的思想，例如造訪他的同理心快閃博物館，閱讀他的著作《為「及時行樂」正名》（*Carpe Diem Regained*）和《驚喜盒子》（*The Wonder Box*）。雖然導師仍以你認識的人居多，但如果身邊有幾位遠距學習導師，可以為你的個人發展注入不同的思考和觀點。

如何找導師：問自己三個問題

花時間想想看，你想要什麼樣的導師？為什麼？這樣先問問你自己，你會更容易找到忠於你自己的導師。

下列三個問題值得深思：

1. 我想要學習什麼？為什麼？
2. 我認識的人之中，有誰可以幫我？有誰可以介紹合適的人選？
3. 我該找怎樣的導師，才能夠忠於我自己，同時兼具樂趣？

這幾個問題並沒有標準答案，端視你現在和未來需要什麼支持。

找導師的實際範例

跟導師對話的過程，可能有兩種情境：一是透過朋友牽線，二是你自己「冷不防」聯繫素不相識的人。你大可視實際情況調整做法，下面提供幾個範例：

不要急著找導師，而是先問你自己，「我到底想學習什麼？為什麼？」

✶ 素未謀面的人

你要讓對方知道，你了解他的作品，也非常欣賞，否則你貿然聯繫對方，對方可能會懶得理你，或覺得你很隨便。下面這個例子，考慮就很周延：

「我讀過您在 LinkedIn 大方分享的文章，那篇文章講到了威信，您建議大家覺察自己的呼吸，我看了深有同感。每次我要在大家面前演講，總是缺乏自信，但我希望自己更有自信一點，因為我好想跟大家分享自己至今在兒童發展領域所累積的經驗。您能否撥半小時的時間，給我一些提示和建議。如果您目前沒空也沒關係，若您身邊有合適的人選，希望可以推薦給我，或者建議我一些書單、影片或播客，我會感激不盡。非常感謝您。」

✶ 有過一面之緣

你可能好久沒有跟對方聯繫了，不妨提起你們上一次在哪裡聊過天，或者你們是怎麼搭上線的，比方誰介紹你們認識？在什麼情境下認識？

「您好，葛瑞，我是凱薩琳・沃特斯介紹來的，我目前正在轉職，她認為您應該會對我有幫助。我目前從事 IT 產業，接下來希望挑戰管理職。我知道您最近也有類似的經歷，如果您願意跟我分享經驗，我會感激不盡。我經常會去倫敦，如果方便的話，我隨時可以去辦公室拜訪您。您剛剛換到新職務，可能會很忙碌，如果我打擾到您了，請讓我知道。最後附上我的履歷，讓您先過目，希望我們很快可以見到面。非常感謝。」

✷ 最後一個妙招……如果不幸遭到婉拒呢？

第五章就說過了，如果對方不回覆，或者直接拒絕你，千萬別放在心上。對方會這麼做有很多原因，比方他的私生活正在水深火熱之中；或者他剛好在忙一個專案，必須投注 100% 的注意力和精力；或者他不相信自己可以勝任導師的責任；又或者他已經指導很多人了……原因超級多！因此，你不需要灰心。這些都不是你控制得了的變數，你唯一控制得了的，只有你要跨出的下一步。

世上不可能只有一個人幫得了你，如果你已經收到很多「婉拒」或「不回覆」，你能不能換個方式呢？The Dots 創辦人皮普・賈米森（Pip Jamieson）也曾經為了找導師，問了很多女性科技創辦人，一直沒有下文。後來她恍然大悟，這世上的女性科技創辦人太少了，卻有一堆人想請她們指導，於是她決定轉移焦點，問一些有女兒的男性創辦人，結果還真的成功了！那些知名的男性職涯導師，果然幫了她大忙！

延伸學習

- 我們的學習資源：收聽我們迂迴而上的職涯（*Squiggly Careers*）播客節目，第十八集探討「該如何找到導師」（How to Find a Mentor）。
- 好讀物：《被賞識的技術：找到職涯贊助人，掌握改寫人生機遇的關鍵（*Forget a Mentor, Find a Sponsor: The New Way to Fast-Track Your Career*），席薇雅・安・惠勒（Sylvia Ann Hewlett）著，天下雜誌出版。
- 好影片：譚雅・梅農（Tanya Menon），《大機遇的秘密？你還沒有遇到的人》（*The secret to great opportunities? The person you haven't met yet*）（TED Talk 平台）。
- 好 IG 帳號：@adamgrant。

7-3 如果我的公司不花錢培訓員工，我該怎麼辦？

IBM 研究顯示，如果員工發現自己無法成長，離職的機率會增至 12 倍[31]。如果公司不願意提供培訓的機會，讓員工和公司雙方都受惠，員工確實會感到沮喪。只可惜不是每一家公司都支持員工學習，有時候你就是沒培訓的機會，無法為你的職涯和績效加分。小公司經費有限，錢該花在哪裡，都快要想破頭了。大公司花在培訓的費用，可能以最多人的利益優先，不太會顧及個人學習需求。

我們每年跟無數人聊過，聽他們分享迂迴而上的職涯，其中那些成功稱霸職場，對自己事業無敵滿意的人，通常是把職涯發展掌握在自己手中。大家都希望主管和公司會支持自己，但是最困難的部分還是要靠自己。你必須搞清楚自己想學習什麼，以及你該如何實現。有時候，說比做容易，這裡提供三個建議，讓你立刻行動，發展自我！

行動一：申請補助金、獎助金或獎學金，提供你全部或部分的學習基金

有些公司或個人無力學習，主要是卡在經費，但每一個產業其實都有申請獎助金或補助金的機會，為你提供學習基金。如果你沒有頭緒，不妨問你周圍的朋友，找到有類似學習經驗的人，看他們如何募集經費，一旦你主動出擊，你會發現機會出奇地多！當你找到合適的資源，盡快跟你主管和公司說，對方才有更充足的時間，思考有沒有可能提供幫助。就算公司無法提供你資金，也許有可能從其他方面支持你，例如給你學習時間。就算公司都幫不上忙，至少你展現了學習欲和好奇心，以及付諸實現的動力。這些都是公司最看重的特質，當然會想留住你這種人才，說不定會有你意想不到的效益，例如借調以及升遷的機會。

盡量發揮創意，想想看，除了金援之外，公司還可以怎麼幫你。例如給你讀書的時間，提供你做專案的機會，設置導師制度。

行動二：設計你自己的課程

現在有五花八門的科技，如果想自己制定學習計畫，絕對比以前更可行，實現的機會更大了。現代人可以學習的內容太多了，反而不知道該從何下手，不妨從 Coursera、Skillshare、LinkedIn Learning 和 Udemy 等網站獲得靈感。這些網站把優質的內容統整起來，有的是免費提供，有的只收取微薄費用。如果你決定自己制定課程，記得考慮兩件事：你想要學習什麼？怎樣學習對你最好？大多數人偏好有同學一起學習，或者有老師可以學習。這種課程也不一定要面對面，現在網路社群透過線上問答時間，大家也能夠一起學習，很彈性吧？你大可視情況調整課程，但我們建議同一時間，只設定一至三個學習目標。所謂學習目標，包含了個人和專業學習，還有個人的學習風格，這一切要看你的個人偏好，還有你正在學習的內容。

行動三：成為公司裡的學習大使

如果你希望你的團隊、部門或公司，換一個方式投資員工的學習和成長，那就想想看，你該如何在公司裡推動改革？比方，先從小事做起，假設你正在學習的東西，恰巧跟你同事有關，那就跟他們分享吧！小至分享一篇文章，或摘錄你參加的活動內容。這是你跟各位同事相處的機會，順便打聽他們有哪些學習缺口，有什麼事情正妨礙他們學習。當你這樣做，你會發現公司有誰可以跟你一起推動改革，隨時可以支持你發動變革。千萬不要操之過急，不要妄想一次解決公司的所有需求。先從最迫切的開始做，提出試驗計畫或先驅計畫，讓你一邊試水溫，一邊學習。等到你累積了一些動能，有很多人支持你了，你會更容易取得經費，擴大規模。

延伸學習

- 我們的學習資源：收聽我們迂迴而上的職涯（*Squiggly Careers*）播客節目，第六十九集探討「個人職涯發展 DIY」（DIY Career Development）。
- 好讀物：《心態：改變思維模式，實現潛能》（*Mindest: Changing the Way You Think to Fulfil Your Potential*），卡羅．杜維克（Carol Dweck）著。
- 好影片：YouTube 平台的 Crash Course 教育頻道。
- 好 IG 帳號：@farnamstreet。

7-4 我該如何拿捏工作／生活的平衡？

這大概是我們最常被問到的職涯難題。工作、健康（身心）、家庭和心靈需求四者並重，向來是大家渴望的目標，卻難以達成。

坊間有一堆令人眼花撩亂的建議，包括避免分心、提高生產力、設定人我界線、冥想保持正念、投資個人嗜好，都是為了增進我們的幸福。這些建議都管用，只是不可能適合每個人，每個時間點。

沒有一個「工作／生活藍圖」適合每個人，所以沒必要設計出這種東西，否則大家就不會認真思考：對自己而言，怎樣才「好」。沒錯，科學研究顯示，我們要有最佳表現，一定要睡到黃金時間（還要再閱讀更多文獻，找到這個神奇數字）。除此之外，如何達到最佳工作表現，心目中期待怎樣的平衡，也

大家對於平衡的定義不盡相同，也會隨著時間改變，所以要把握選擇的機會，達到目前最適合你的平衡。

值得你思考和行動，就連「平衡」這個字，也可能值得你思量。說到平衡，彷彿有一個虛擬的天秤，一邊放著工作，另一邊放著其他東西，但這種想法似乎已經過時了，於是大家開始有自己的定義，比方 Facebook 營運長雪柔．桑德伯格（Sheryl Sandberg）反而喜歡說「工作／生活的整合」。

就我們個人的經驗，平衡是一頭亂竄的野獸，越是想維持平衡，越可能心灰意冷。我們也曾經蠟燭多頭燒，同時忙副業、母職、全職工作、進修，所以我們對平衡的想法也改變很多了，也可能有別於其他人，但是又何妨？幸福的關鍵，就是主動去做你喜愛的事情！從你自己的想法出發，做出明智選擇，你自然會掌握自己的時間。

為了奪回掌控權，找到你專屬的「整合方式」，最好注意兩個相關層面：

- **感受**：隨時確認自己過得如何：每天、每星期、每個月或每年確認一次，並且採取行動維持舒適的感受，或者調整不適的感受。
- **選擇**：懂得自我覺察，有信心在人生各個層面，做出正確的決定。

你有什麼感受？

工作坊一開始，我們會有一個小練習，請學員用一個詞彙，匿名回答這個問題：「你對於目前的生活有什麼感受？」然後，再回答一個問題，這次的問題稍微不同，同樣只回答一個詞彙：「你會如何描述目前的生活？」你的兩個答案可能會很相似或一模一樣，這樣挺棒的！畢竟有很多人的兩個答案天差地遠。大家在描述目前的生活時，最常用的詞彙：***壓力大***、***焦慮***、***沮喪***、***忙碌***、***慌亂***。最近還有學員脫口而出：「***一團爛泥***」。

反之，我們請學員描述自己期待的生活，經常會聽到：***有衝勁***、***活力滿滿***、***卓越***、***幸福***，但大家不確定該如何從負能量轉為正能量，甚至打從心底覺得這不可能實現。做這個練習，最糟的情況就是猛然驚覺，工作帶給生活的，竟然是莫大的壓力，而非滿足。沒關係！一旦我們知道壓力對自己人生的衝擊，就更有機會解決問題了。

花一點時間，反思次頁這兩個問題吧：

只用一個形容詞，描述你對於目前生活的感受：

____

只用一個形容詞，描述你的目前生活：

____

你做了什麼抉擇？

你一定要覺悟，雖然很多事情不是你掌控得了，但說到時間該怎麼分配，你至少還掌握得了吧！雖然當下有工作壓力或家庭瑣事在緊迫盯人，但長期下來，只要你有意識的決定和抉擇，絕對會改變現狀，越來越滿意工作／生活的平衡。

先來想一想，你對於目前生活有什麼感受？你目前做的決定，有哪些適合你？哪些不適合你？例如，你選擇晚上加班，為隔天的會議做準備，卻因為「正職」下班後沒有好好休息，心裡憤恨不已；或者，你選擇每天花數小時瀏覽社群媒體，卻苦無時間閱讀新書或學習新技能；又或者，你下定決心，以後上樓睡覺，一定要把手機放樓下，這樣每天會更有精神。

寫下你的想法。你目前所做的選擇，對工作／生活的平衡有什麼影響呢？這影響是正面還是負面的？

我有哪些選擇反而讓工作／生活不平衡？

有了這些反思，你可以刻意放棄那些對你不利的選擇。不過，你要記住一點，你不可能頓時改變所有的選擇，所以短期內，先改變你覺得衝擊最大的選擇就夠了。這樣循序漸進，你才會更有動力持續下去，讓自己變得更好。

✷ 哪些選擇有助於維持工作／生活的平衡？

有哪些選擇會幫助你維持平衡？如果你一時想不出來，或者需要一些靈感的話，下面有五個實用建議，可以幫助你踏出下一步。

✷ 選擇一：睡眠充足

大家都知道睡眠很重要，也有很多令人信服的研究。每天晚上，頭腦必須休息 7～8 小時，如果少於這個時數，專注力、創造力、情緒調節力和生產力都會受影響[32]。近年來助眠產品急遽增加，可見我們比以前更需要靠外力，才能夠放鬆安眠。我們兩個人家裡都有嬰幼兒，根本不可能好好睡覺，這些年來試過好多方法。後來讀了近藤麻理惠（Marie Kondo）的《怦然心動的人生整理魔法》（*Spark Joy*），燃起我們斷捨離的動力，盡量讓臥房保持清爽。海倫絕不帶手機進房間，讓精神充分放鬆。莎拉則試著多運動，哪怕只是每天散步半小時，也會幫助她更快入睡。

✷ 選擇二：活絡你的身心

散步對頭腦和身體都有益，只要散步 12 分鐘，就會提升專注力和自信，會暴增 60%創造力。因為運動這件事，可以促進腦細胞連結[33]。我們的共同朋友伊恩．桑德斯（Ian Sanders）創立了充電旅行（Fuel Safaris），提供一邊散步，一邊教練的課程。因為伊恩發現這樣的教練課程，可以打開參與者的心胸，更有意願去解決問題，奮力採取行動。大家不妨也試試看散步會議，你會感覺自己更投入，工作效率大增，這樣開會的時間，會花得更有意義。

✷選擇三：休息片刻

伊隆・馬斯克（Elon Musk）說他每週工作 120 小時，雅莉安娜・哈芬登（Arianna Huffington）公開反駁他：「人不是機器。機器停機是出錯，但人類停機並沒有錯。科學已經說得很清楚了！」定期休息對每個人都有好處，比方趁中午休息一下，或者在陽光正好的夏天，連休兩個禮拜長假。科技對現代人的生活不可或缺。如果發揮在正確的地方，生活倒是會更便利，但科技也害大家下班後，無法完全放掉工作。所以，要靠自己想辦法。科技大多可以暫時關閉，我們也可以選擇關閉通知，以免無謂的分心。

布魯斯・戴斯利（Bruce Daisley）著有《工作的樂趣》（*The Joy of Work*），提醒大家上班的時候關閉手機通知，反而會更有活力和創意。戴斯利引用西班牙電信（Telefonica）和卡內基梅隆大學（Carnegie Mellon University）的研究，要求受測者連續 24 小時關閉手機通知，試試看會有什麼影響。就算只有一天，受測者也覺得自己提升了生產力和專注力；兩年後，有半數受測者都自主關閉手機通知。

✶ 選擇四：交朋友

如果職場讓你孤獨和孤立，這問題很大喔！有一份研究顯示，高達 42% 民眾在職場沒有半個朋友[34]。沒有固定的辦公桌，沒有固定的辦公地點，辦公時間錯開。還有專案工作，已經成了現代職涯的常態，由此可知，現在職場有多麼孤單。霍斯比聯合組織（The Hoxby Collective）的所有員工，都是在線上辦公，所以才發起霍斯比小聚，鼓勵住在同一區的員工，輪流到對方家裡辦公，或者一起到咖啡廳辦公。再不然，你可以邀請同事共進午餐，一起去吃外面的餐廳，或者分享你有意願參加，恰好也跟工作有關的活動，看看有沒有同事也想一起去。

✶ 選擇五：無需說抱歉

你提早下班，做你喜愛的事情，會不會自責？你是否曾經調整工作模式，心裡卻直犯嘀咕「真是抱歉，我參加不了會議，星期四那一天，我要十點以後才有空。」你做了平衡工作／生活的決定，卻有道不完的歉，這是很多人的通病。當一個人的內心不夠確定，不夠有力量，往往會沿用老舊的工作模式，不主動採取行動，無法充分發揮自己。

如果你也有這個毛病，從現在開始覺察，你在職場做抉擇，多久就會道歉一次？你每天或每週說幾次「抱歉」呢？注意一下，究竟是什麼人，還是什麼情境，特別讓你想說抱歉？試試看，不要再說抱歉了。這可能潛藏著你的魔鬼般的自卑心理，記得翻回第四章，想一想你需要什麼協助？

延伸學習

- 我們的學習資源：閱讀本書第一章，並且收聽我們迂迴而上的職涯（*Squiggly Careers*）播客節目，第三十九集探討「該如何提升職涯的幸福感」（How to Improve Your Work Well-Being）。
- 好讀物：《成功的第三種維度：創造擁有智慧、健康、好奇心的人生》（*Thrive: The Third Metric to Redefining Success and Creating a Life of Well-Being, Wisdom, and Wonder*），雅莉安娜・哈芬登（Arianna Huffington）著。
- 好影片：蘿拉・范德康（Laura Vanderkam），《如何掌握你的空閒時間》（*How to gain control of your free time*，TED Talk 平台）。
- 好 IG 帳號：@headspace。

7-5 我該留下還是離職呢？

你到底要離職去開創新事業，還是要繼續留在原公司或者換新公司，這些通常不是容易的決定。所謂迂迴而上的職涯，大家要習慣一直在改變，同一個職位或公司到底應該待多久，已經沒有通則可言。就算多年來，你待在同一個職位，職務內容也可能改變不少。如果你還在猶豫自己的下一步，不妨自問下列幾個問題，做更明智的決定！

你是否快樂？你有沒有學到東西？

齊拉・斯諾貝爾（Dame Cilla Snowball）曾經是英國最大廣告公司的總裁和執行長，也是莎拉長期以來的職涯導師，在莎拉猶豫要不要換工作的時候，她曾經給了一個絕佳的建議。問一問你自己：你是否快樂？你有沒有學到東西？如果這兩個問題的答案都是肯定的，那就繼續留下來。如果有一個答案是否定的，現在或許是離開的時候了。斯諾貝爾在雅培美德維克斯廣告公司（Abbott Mead Vickers）工作 26 年，她留任這麼長的時間，也不斷問自己這兩個問題，答案一直都是肯定的。

你下下一個工作呢？

如果你正在思考下一步，不妨換一個切入角度，思考下一個職務可能把你帶向何方？這個新工作能否在一旁幫助你，不斷探索對你有意義的職涯前景？它會開啟什麼新的可能性？

當你遇到任何工作機會，大可花一些時間考慮，如果你還沒準備好，千萬別急著做決定。

每次遇到新的工作機會，大家會忽然之間，只想著解決當下的問題，卻忘了過去學到的教訓，也忘了考慮未來。

只要你覺得不合適，大可拒絕對方。雖然面試不一定會順利，但面試新職務是在給雙方機會，讓你更加認識新職務，也讓對方更加認識你。至於那個職務適不適合你，還是你自己說了算。

你能不能發揮強項？你能不能活出自己的價值觀？

當你考慮下一步，通常會注意一些閃亮亮的東西，比方職稱、薪水或辦公環境，卻忘了你心目中對於職涯的理想條件。這些閃亮亮的東西當然很誘人，也不是真的無關緊要，但要是你日復一日的工作，無法讓你發揮強項，活出你重視的價值，那些誘惑遲早會失去吸引力。一旦你賺了「足夠」的錢，加薪並不會令你更幸福。心理學家丹尼爾・康納曼（Daniel Kahneman）和經濟學家安格斯・迪頓（Angus Deaton）研究發現，當年薪達到 7.5 萬美元（或者 5 萬英鎊），即使再加薪，你也不會更快樂了，所以你的幸福感也不會再更多了[35]。這是老生常談，但是在迂迴而上的職涯，最好要享受過程，不要太執著結果，畢竟現在很難預測終點在哪裡，搞不好連「終點」這種東西都不存在。

你愛你的工作，卻不愛你的主管？

你是否樂在工作，其實跟主管大有關係。研究顯示，對工作的投入程度，有高達七成受到主管決定[36]。跟主管處不好，通常會萌生退意，可是要找到自己喜愛的工作並不容易，如果你做得很開心，只是跟主管處不好，在跳槽之前，最好先試著改善關係。想一想，你是否給彼此足夠的時間？心理學家布魯斯・塔克曼（Bruce Tuckman）研究高績效的團隊，結果發現大部分關係先歷經三階段，包括「形成期、風暴期、常態期」，才會達到「績效期」，從此更加順遂。如果你和主管有不同的工作風格和價值觀，你們的磨合期會拉得更長，才能夠互相理解和欣賞。

你還要試著把自己的感受表達出來，讓主管知道他對你造成了什麼影響。這個舉動未免太可怕了吧！若你們公司沒有給意見的文化，想必會格外可怕，但無論對話的結果如何，絕對能幫助你做決定，因為你會清楚知道，這段關係到底走不走得下去。

最後，你還要想清楚，你是在逃離舊職務，還是在迎向新職務。你一定要對自己誠實，搞清楚你背後的動機。如果你是在逃離目前的職務，不管是無聊的工作內容、主管或公司文化，你做決策的品質會大打折扣。反之，如果你是受到新職務的吸引，比方令你感興趣，跟你的強項或價值觀相符，這樣做出來的決策，長期下來會令你更幸福。

延伸學習

- 我們的學習資源：閱讀本書第六章，並且收聽我們迂迴而上的職涯（*Squiggly Careers*）播客節目，第二十八集探討「如何修改職涯規劃」（How to Fix Your Career Plan），第五十七集探討「如何設想你的職涯願景」（How to Create a Vision for Your Career），第七十集探討「職涯前景和休假進修」（Career Possibility and the Radical Sabbatical）。
- 好讀物：《第一次工作就該懂：人生是永遠的測試版，組合被需要的優勢，培養盟友，每次轉換都加分》（*The Start-Up of You: Adapt to the Future, Invest in Yourself, and Transform Your Career*），雷德・霍夫曼（Reid Hoffman）、班・卡斯諾查（Ben Casnocha）合著，天下財經出版。
- 好影片：賴瑞・史密斯（Larry Smith），《為什麼你無法成就偉大的事業》（*Why you will fail to have a great career*，TED Talk 平台）。
- 好 IG 帳號：@themuse。

7-6 我該如何建立個人品牌呢？

大家先想一想，為什麼要有品牌？品牌是為了區隔各種商品，幫助消費者做選擇。好品牌必須有自己的特色，大家一眼就認出它的特徵、功能或優點。因為值得信賴，所以會吸引人購買。你不妨回想你心儀的品牌，是不是因為對其產品或服務有信心，而想要推薦給其他人呢？當你購買或推薦某個品牌，也是在表達自我，讓別人知道你支持什麼，相信什麼。

個人品牌也是差不多道理。你的個人品牌就是你，簡單來說，建立個人品牌，就是在表達你的主張。

如果你有強烈的個人品牌，對於迂迴而上的職涯有幾個幫助。首先，有趣或有意義的機會，特別容易找上門，你會開始參與原本接不到的專案。

其次，別人會更有信心推薦你，明確說出你的優點，拓展你的人脈，為你開啟更多新的職涯前景。

問自己：你希望自己不在場的時候，別人會怎麼描述你？

最後，如果你的個人品牌有忠於

自我，在工作投入的時間越多，你就會越幸福快樂。

拜科技所賜，現在個人簡歷有更多被看見的機會，你一定要確保個人品牌的一致性，盡量在各個平台突顯你自豪的優點。想一想，你的個人品牌會在哪些地方曝光呢？盡量保持一致，才會達到你期望的效果唷！

個人品牌的五大原則

✴1. 從強項和價值觀開始

個人品牌的基礎，正是強項和價值觀。這是你真實的一面、獨特的一面，所以是個人品牌的基礎。你不必迎合每個人，你只要選擇一兩個忠於自己，你真正有熱情的領域。花時間想一想，假設有一天，你接受 TED 的邀請，上台為大家演說，你想探討什麼主題？如果你在推特發表一篇文章，專門介紹你自己，你會怎麼寫？

✴2. 個人品牌會跟著你

等到你確定自己的個人品牌，想想看有什麼方法，可以把品牌做好。無論你身在何處，線上還是線下，個人品牌都會如影隨形跟著你。就算見不到你，也能夠透過個人品牌了解你這個人。主業是你大展個人品牌的好機會，但副業也不遑多讓，讓你換一個方式突顯個人品牌。蘿倫・克里勳爵（Lauren Currie OBE）是英國新創公司 NOBL 的常務董事，這個組織專門幫企業領袖做出改變。蘿倫也創立了#upfront，這是舉辦自信力課程的機構，然後她和老公請育嬰假期間，又成立了「字愛本舖（Letter Love Shop）」，這是一家賞心悅目的字母藝術專賣店，創業靈感來自動物和大自然。我們都還沒當面見到蘿倫，光是從她個人執行的專案，就能夠體會她的個人品牌。我們預期會見到一位充滿創業精神、有創意、「說做就做」的人，她在 LinkedIn 個人檔案寫了一段座右銘：「說不如做」。當我們實際見到蘿倫本人，她給人的第一印象，跟我們的期待不謀而合。她充滿想法和活力，勇敢面對自己的渴望，在她喜愛的領域發光發熱。

✷3. 預想 vs.效應

你預想的個人品牌，看在別人眼裡，到底有什麼感覺呢？不妨試著這樣問對方「如果遇到不認識我的人，你會怎麼描述我？」（別人會怎麼介紹你，可以看出你的個人品牌做得好不好）。另外，你在 LinkedIn 有沒有獲得優質的推薦呢？最好鎖定具體一點的推薦（有講到你的骨子裡，而非只推薦你跟誰合作），如果你累積了幾個推薦，注意看有沒有共通之處。

✷4. 雙贏

建立個人品牌，對你自己和公司都有好處。把你的主張跟主管和同事分享，大家就會幫你留意機會，讓你發展個人品牌，造福你跟公司。反之，如果你的個人品牌跟目前的職務或公司不同調，那就從公司以外下手，舉凡從事副業或當志工，都是短期的權宜之計。最慘的情況是，你的主張跟目前的職務或公司相違，恐怕會難以建立個人品牌，公司也不太可能認同你。

✷5. 持續投資

成功的個人品牌，要耗費時間和金錢。個人品牌不是建立了就沒事了。如果你真心熱愛你的主張，你不僅期待品牌帶來的好處，你也會享受打造的過程。個人品牌也並非一成不變，既然你的職涯是迂迴的，你的個人品牌也是如此，你總會有改變主張的時候吧？當你採取行動，建立個人品牌，一定要設定好未來六個月，你每星期都要為品牌做一件事，可能只是小事，例如參加你有興趣的活動，跟你同事分享活動心得，或者在你感興趣的領域，找三位優秀的人，主動去追蹤他們，關注他們的書籍、影片和播客。

延伸學習

- 我們的學習資源：閱讀本書第二章，並且收聽我們迂迴而上的職涯（*Squiggly Careers*）播客節目，第二十五集探討「建立個人品牌」。（Building Your Personal Brand）
- 好讀物：《說故事的力量：激勵、影響與說服的最佳工具》（*The Story Factor: Inspiration, Influence and Persuasion Through the Art of Storytelling*），安奈特・西蒙斯（Annette Simmons）著，臉譜出版社出版。
- 好影片：Aileen Xu（Lavendaire），《該如何打造個人品牌？》（*How to Build Your Personal Brand*，YouTube 平台）。
- 好推特帳號：@ThisIsSethsBlog（Seth Godin）。

7-7 如果我底下沒有團隊，該如何證明自己的領導力呢？

現在對領袖的定義一直改變。迂迴而上的職涯，一部分是因為企業環境不復以往，階層關係沒那麼明顯，也擺脫了工業革命以來風行的「指揮控制」領導風格。有越來越多企業趨於「敏捷化」，做事情會看專案和成果，而非照著組織結構圖走。有些企業甚至還嘗試「合弄制」（Holacracy），企業裡每個職務都有分配到權力，讓個人和團隊有自我管理的空間。目前有 1,000 多個企業都採取這種方式，如果你有興趣，不妨研究線上鞋類零售商 Zappos.com，這間公司大方分享從這種新領導風格學到的經驗。

> 領袖要有特定的技能，例如好奇心、韌性、適應力，而不是組織結構圖說你是領袖，你就是領袖。

最成功的領袖有幾個共通點：懂得自我覺察，有傾聽的能力，保持好奇心，還要有影響力和說服力，把時間花在自我學習和提攜別人。無論你是不是擔任管理職，你都可以鍛鍊這些技能。如果你懂得觸類旁通，不執著於字面上的意義，立刻就能夠培養和展現這些能力。

觸類旁通

✷ 做志工

你有沒有支持的機構？他們會不會需要你的強項，讓你有機會培養領袖才能呢？你也可以做到很正式，例如成為慈善機構的董事，但也可以透過非正式管道，為機構盡一份心力，例如參與募款活動，或者成為地方球隊的教練。

✷ 找到想解決的問題

你的團隊和公司正在面臨什麼問題呢？無論問題是大是小，有沒有你可以貢獻的地方呢？不一定要大問題，小問題也無妨，例如大家還沒時間處理，或者還沒有做規劃。這是你展現幹勁和能力的舞台，總算有機會跟各式各樣的人合作。另外，有一些問題是大家處理過的，你不妨也來大展身手，例如辦公室搬遷、為公司架設新網站、籌備團體活動、籌備團隊培訓。

✷ 擔任職涯導師

想一想在你的公司，有沒有任何人或團隊，需要學習你的技能或經驗。你不用傻傻等別人來詢問，就可以主動出擊，找到你派得上用場的地方，比方在未來的團隊會議，自告奮勇做簡報，或者主動為新員工開課。此外，別忘了向主管或人資部門詢問一下，如果你有意累積職涯導師的經驗，可以跟什麼人聯繫呢？

✷ 找機會

盡量找機會，做做看你公司的管理職，累積這方面的經驗，假設主管剛好要度假，你大可主動詢問，主管不在的期間，有沒有什麼事情需要你幫忙。或者，你知道主管最近行程緊湊又剛好在趕專案，你大可主動詢問，有沒有需要幫忙分攤？這不只限於主管，也可以套用到同事身上喔。如此一來，你對整個團隊的運作絕對會更有概念，進而提升你的判斷力，展現你的好奇心。身為主管，經常要負責好幾個專案或領域，如果你可以展示自己的變通性和適應力，絕對是一項優勢。

✷ 別覺得不好意思

如果你正在應徵主管職，有機會管理其他人，絕對要誠實說出個人經歷，千萬別因為經歷不足，就覺得不好意思。你只要鎖定自己的強項，說明你為何適合這個職務，分享你橫向領導的經驗。想想看，你對你應徵的主管職，可能會有什麼貢獻，跟一位資深主管有什麼不同呢？比方你看事情的新角度、你的數位經驗、你持續自我學習的精神。

延伸學習

- 我們的學習資源：閱讀本書第二、六章，並且收聽我們迂迴而上的職涯（*Squiggly Careers*）播客節目，第九十一集探討「第一次當主管就上手」（How to Manage for the First Time）。
- 好讀物：《如何讓人願意被你領導？做好主管的第一課》（*Why Should Anyone Be Led by You? What It Takes to be an Authentic Leader*），羅伯・高菲（Rob Goffee）、賈瑞斯・瓊斯（Gareth Jones）合著，臉譜出版社出版。
- 好影片：《新主管系列課程》（*Lynda.com*，隸屬於 LinkedIn Learning）。
- 好 IG 帳號：@harvard_business_review。

ch. 8

100 個職涯建議

這一百個絕佳建議，出自曾經啟發過我們的人

我們兩個人的職業生涯非常幸運，有機會認識一些傑出人士，跟他們共事，向他們學習。他們分享的故事、智慧和建議，在關鍵的時期，拉了我們一把，陪我們度過低潮、險阻和成功。

我們特別邀請這些人，專為這本書，針對迂迴而上的職涯，提供一個他們認為最棒的職涯建議。我們還把這些建議分門別類，希望你也能夠從這些洞見和金玉良言，獲得深刻的反思和鼓舞。

8-1 忠於自己

1. 找一個你可以盡情做自己，每天都期待去上班的地方。這需要時間，可能要嘗試好幾次，才會找到真正適合你的。等你找到了，你的態度就更重要了！永遠要保持熱忱和正向，把握每一個可以學習和成長的機會。

——卡洛琳·麥考爾勳爵（Dame Carolyn McCall DBE），英國獨立電視台（ITV）執行長

2. 我十八歲的時候，從一位詩人獲得很棒的建議，包含了兩個層面。他說，天空需要無數的星星點綴，每個人都要專注於自己的光，尤其是在社群媒體和大數據的時代，太容易陷在人與人的比較。他還說了，每一個故事都值得訴說，就看每個人說故事的功力了。

——索菲亞·塔庫爾（Sophia Thakur），詩人

3. 不要停止做夢。

——艾蜜莉雅·卡門（Amelia Kallman），趨勢預言家、講者、作家

4. 每個人的建議都聽聽看，但最好要靠你自己過濾，因為只有你，最清楚自己的情況。接納別人的忠告，能採納多少就多少，一定要相信自己的判斷。

——蘿西．瓦倫（Rosie Warin），Kin & Co 執行長

5. 找到你的超能力，然後不斷精進。

——丹．吉伯特（Dan Gibert），市場營銷公司 Brainlabs 執行長

6. 無論你決定做什麼事業，一定要讓真實的自我發光發熱，唯有如此，你的超能力才會顯現出來。

——艾德里安．瓦科特（Adrian Walcott），
Brands with Values 常務董事

7. 換工作的時候，不要只看薪水，只聽面試官或人才招募專員的片面之詞，或只聽朋友意見。唯獨你，才知道什麼樣的環境，會讓你的靈魂充滿喜悅；做什麼樣的工作，會讓你每天清晨迫不及待起床；面臨什麼樣的挑戰，會令你熱血沸騰。

——希瑞林．夏克爾（Sherilyn Shackell），
行銷學校（The Marketing Academy）創辦人

8. 這是我有一次參加企業活動，從奈潔拉・勞森（Nigella Lawson）聽到的建議，至今仍受用無窮。她說：「慎選你爬的樓梯，以免你爬了一輩子，爬到了頂端，才發現你爬錯了」。由此可見，一定要挑選跟自己價值觀契合的職涯，而且要定期做確認，否則會白白浪費心力，在你不適合的領域或工作打滾。

——艾力克斯・麥當勞（Alex McDonald），AM Wellness 創辦人，保柏醫療保險公司（BUPA）內容社群行銷部門負責人

9. 你在乎什麼？不在乎什麼？你人生想追求什麼？這些都是你要誠實面對自己的問題。你的職涯選擇，應該要幫助你達成期望，避開你不期望的一切。你應該在自己的工作，發揚你重視的價值，不輕易妥協。

——湯姆・漢普森（Tom Hampson），英國嬰幼兒品牌 Mamas & Papas 常務董事

10. 人生要往前走，往後看⋯⋯像我現在回頭看，我覺得自己的事業做得真好，這是因為我一直有清楚的價值觀和目標，我知道要做什麼，不做什麼。

——米雪兒・麥葛瑞斯（Michele McGrath），商業諮詢服務公司 Brand Learning 共同執行長

11.你必須按照心目中的排序，有意識做決定。我一路走來，深深覺得公司文化、頂頭上司和個人價值觀超級重要。大家千萬不要輕視自己，如果連你都這樣看自己，別人也會輕視你。

——卡門．藍道爾（Carmen Rendell），心理治療機構 Soulhub 創辦人

8-2 相信你的直覺

12.相信你的直覺。直覺是你內在的羅盤，你必須學會聆聽。你身邊的人，一直想給你意見，教你怎麼做事情，指使你走哪條路。你當然可以接納別人的建議和指導，但終究還是你的直覺說了算，無論是事業或人生，都應該聽自己直覺的指引。

——荷莉．塔克（Holly Tucker），
線上交易平台 notonthehighstreet 以及
企業諮詢平台 Holly & Co 創辦人

13. 大家都忘了要相信自己的直覺，尤其是在科技時代，我們每個人才是最精密的儀器，每天接收無數筆資料，進而形成內在的直覺，多麼了不起呀！怪不得賈伯斯會說「直覺比智力更強大」。

——皮普・賈米森（Pip Jamieson），
創意人士交流機構 The Dots 創辦人

14. 永遠要信任你的第一直覺。我在職場做了任何錯誤的決定，都是因為我選擇忽視自己的直覺。

——羅伯特・飛利浦（Robert Phillips），
諮詢公司 Jericho Chambers 創辦人

15. 相信你的直覺，依直覺行事。你大可鼓起勇氣，在會議上分享鼓舞你人生的想法，或者實現你半夜想到的專案。相信你自己，你會有那些思想、想法或直覺，絕對是有理由的，你要勇於實行。大家都習慣從別人身上，搜尋神奇的解答，但是別忘了，神奇的解答永遠在你身上。

——傑斯・拉克特利夫（Jess Ratcliffe），
個人成長機構 Unleash Your Extraordinary 創辦人

16. 我最主要的建議，就是傾聽你的直覺。我當初想要創業，而且創業夥伴還是一個還俗的和尚，我身邊所愛和所尊敬的人都覺得我瘋了，甚至想要干預我。他們愛我，希望我做保守的決定，所以給我那樣的建議。可是真正正確的決定，不一定會令人安心，搞不好會令人害怕，但你就是覺得非走這條路不可。人人都有內在智慧，就看我們有沒有勇氣傾聽。你自己都不聽了，誰還會聽呢？

——里奇．皮爾森（Rich Pierson），
冥想活動公司 Headspace 創辦人

17. 千萬不要忽視你的直覺，不要跟別人比較。你的時間應該花在別的事情上，例如自我覺察，還有跟你事業無關的消遣和興趣。善待每一個人，無論對方地位高低。接納你犯下的錯誤，把錯誤當成奇蹟發生之地，重點在於你願不願意看見奇蹟。還有一個重點，做自己！

——卡羅琳．凱西（Caroline Casey），
The Valuable 500 企業倡議組織發起人

18.我當主管的時候，有九成的時間都在「偏離正軌」，這就好比開車，不斷調整和介入，才得以保持直線，飛速前進。由此可見，再小的調整，都可以改變你的命運。

——賈桂琳．德．羅哈斯勳爵（Jacqueline de Rojas CBE），非營利組織 techUK 總裁，專業社群組織 Digital Leaders 董事長

8-3 把工作「方式」看得跟工作「內容」一樣重要

19.如果你在重要的領域，持續累積能力，絕對會有更多工作機會找上門，讓你充分發揮影響力。如果你還沒培養實力，就急著尋找人生使命，不太可能會有明確的人生方向。唯有先讓自己變厲害，職業生涯才會充滿熱情和意義。

——卡爾．紐波特，《深度數位大掃除》（*Digital Minimalism*）、《深度工作力》（*Deep Work*）和《深度職場力》（*So Good They Can't Ignore You*）作者

20. 你的名聲，關乎你做了什麼，而非你打算做什麼。達成，才是最重要的事！再者，大家都不想在辦公室耗太久……善用你的時間吧！

——大衛・瓊斯（David Jones），
品牌科技公司 You & Mr Jones 創辦人

21.「不卑不亢」這句話，深深影響了我在職場的行事風格，每當我要做一件大事時，都會想起這句話，讓我更有勇氣。這也會提醒我工作的時候，注意自己做生意的態度，與人為善。

——泰許・沃克（Tash Walker），全球市場調查機構 The Mix 創辦人

22. 工作要努力，但不要賣命。

——蘿西・布朗（Rosie Brown），冷凍即食品公司 COOK 執行長

23. 在職場和人生都要保持正直，絕對會有意想不到的發展。對你的團隊誠實，對你的客戶誠實，對你自己誠實。

——許凱蒂（Katee Hui），女性足球社團 Hackney Laces 創辦人

24. 再點一下吧！大家常說「再努力一下吧」，但如果已經使出洪荒之力了呢？這時候聽到「再努力一下」，豈不是嚇

到腳軟？如果我們換個說法：「再點一下吧！」壓力是不是減輕了？小事一樁，容易達成。假設你要寄履歷，所謂再點一下吧，就是調查那一個即將收到你履歷的人，或者調查那個行業，一路點擊下去，雖然只是舉手之勞，但我向你保證，你會因為這個小動作，脫穎而出。

——詹姆斯・沃特利（James Whatley），
數位營銷公司 Digitas 策略合夥人

25. 每當發生麻煩事，有些人會撤退，有些人會挺身而出。如果你選擇挺身而出，就有機會跳脫個人的單位，頓時發現階級和預算的常規都打破了，這是你改變的最好時機！只要你勇敢創新，發揮好奇心和創意，一定會獲得回報，你絕對會脫穎而出，做出一番大變革。趕快主動找問題，解決問題吧！

——艾力克斯・柯爾（Alex Cole），
保柏醫療保險公司（BUPA）行銷長

26. 我接受指導很多年了，有一句話始終在我心底：「保持冷靜」。我們難免會遇到緊急情況（舉凡菠蘿市場恐怖攻擊，或者西敏寺襲擊事件），一大堆意外接踵而來。此時，如果身旁有人大聲說話、驚聲尖叫或不知所措，一不小心，你就會跟著慌張起來。當情緒逐漸籠罩你，你不知不覺用慌張的聲音向全公司廣播，結果同事們也跟著驚慌，做出糟糕的決定，專業能力也不知道跑哪去了，這不僅僅是災難，還可能搞丟性命。因此，當你向團隊或上司報告最新情況，務必保持冷靜鎮定，無論是用廣播，還是當面講，這樣你的員工才會冷靜，你同事才會有信心。

——保羅．羅比利雅德（Paul Robilliard），
大倫敦警察局特別罪案及行動特種槍械司令部

27. 大家不會記得你如何出場，只會記得你如何離場。任何人接手新工作，都要時間學習和適應。你離職的狀態，才是你真正的考驗，你把工作交給下一個人，有沒有為這個職務創造什麼價值。你要留下貢獻，所以做事情的時候，絕對要一絲不苟，這樣你離場的時候，才能夠坦坦蕩蕩，抬頭挺胸。

——凱特．沃爾（Kate Wall），肯德基（KFC）廣告主管

28. 你未必是最聰明的人，也未必是最有經驗的人，也未必是最有天分的人，但永遠可以是最有熱忱的人。

——麥特・庫克（Matt Cook），
創意公司 Gravity Road 公關品牌經理，
美麗的你（You Are Beautiful）創辦人

8-4 投資你的人脈

29. 女性職涯網絡平台 The AllBright 的靈感，源自美國前國務卿歐布萊特（Madeleine Albright）的至理名言：「地獄裡有一個位置，專門留給扯女人後腿的女人。」The AllBright 把這句話當成座右銘，所以我們做的每件事，都是在稱頌女人的成就。我們最高的指導原則，正是「姐妹情誼很管用」。我會鼓勵女性，盡早在職涯建立女性人脈，大家互相支持的同儕網絡，力量可是非常大的！

——安娜・瓊斯（Anna Jones），The AllBright 共同創辦人

30. 除非你在乎別人的優先事項，否則別人也不會在乎你。如果你會想辦法讓同事準時接小孩，同事也會連本帶利回報你。

——傑夫·飛利浦（Jeff Phipps），人力資源服務機構 ADP 常務董事

31. 無論你投入什麼事業，一定要把客戶和同事放在心上。做生意，無非是搞好關係。如果你跟大家和睦相處，關係融洽，終會迎來成功。

——齊拉·斯諾貝爾勳爵（Dame Cilla Snowball CBE），
女性創業委員會（WBC）主席、
倫敦德溫特房地產公司（Derwent London）非常務董事、
雅培美德維克斯廣告公司（Abbott Mead Vickers）
前總裁和執行長

32. 我有一位好朋友是領袖教練，他曾經對我說：「做決定的時候，要硬著心腸，執行的時候，要宅心仁厚。」就我的理解，那就是……關心身邊的人。無論你身在什麼職位……面對再怎麼艱難的決定，都要懂得尊重別人。

——安妮瑪麗·麥康農（Anne-Marie McConnon），
紐約梅隆銀行（BNY Mellon）行銷長

33. 立志當一個讓團隊順利運作的人，而非讓工作順利執行的人。

——勒內・卡拉約爾勳爵（Rene Carayol MBE），領袖力專家

34. 人分成兩種，有一種是消耗能量的排水管，另一種人是給人力量的發光體。一定要讓你身邊圍繞著發光體，你會從相處的過程中，獲得更多樂趣，更有生產力。

——凱倫・瑪蒂森勳爵（Karen Mattison MBE），
彈性工作諮詢機構 Timewise 共同創辦人

35. 我只雇用比我更優秀的人，每一天，我都強迫自己做這件事。

——馬克・寶德（Mark Boyd），創意公司 Gravity Road 創辦人

36. 盡量不要跟同事鬧翻，因為你永遠不知道，何時你會跟對方有交集。

——茱蒂絲・賽琳森（Judith Salinson），廣告媒體機構 NABS 董事

37.「包在我身上」是你最適合跟老闆說的話。如果你可以讓老闆活得更輕鬆，你就會是下一波升遷的首要人選。

——凱特・巴塞特（Kate Bassett），
《今日管理雜誌》（*Management Today*）內容長

8-5 有勇氣採取行動和做決定

38. 我的座右銘是王爾德（Oscar Wilde）說過的一句話：「瞄準月亮，即使偏離了，你也會被群星包圍。」說到工作，光是「優秀」還不夠，我希望我身邊都是有熱情、有熱忱、有抱負的人，奮力發揮自己。技能可以靠學習，但活力、雄心和熱情，完全要靠你自己。我不在乎是否達成目標，因為我目標很高，我希望成為「出色」的人，所以就連我眼裡看來的「尚可」，也是很了不起的呢！

——麗莎．史莫薩斯基（Lisa Smosarski），
英國時尚雜誌 *Stylist* 總編輯

39. 與其事先徵求別人的許可，還不如事後請求別人的原諒。規劃你自己的路，記住了，你在職涯最大的錯誤，就是把實然當成應然。如果你想改變規則，當然要先證明你的規則是對的。

——薩姆．康尼夫．阿連德（Sam Conniff Allende），
《更海盜一點》（*Be More Pirate*）作者

40. 你回顧自己的人生，最好要忍不住驚呼：「真沒想到我做了這件事！」然後接著說：「還好我做了！」不要讓時光白白溜走，以免下半輩子都在懊悔。好好過日子，勇敢冒險吧。

——坎雅．金勳爵（Kanya King CBE），
娛樂文化公司 MOBO 創辦人

41. 創業家首要的特質，就是接納不確定性。每天都可能像坐雲霄飛車一樣，高潮迭起，不妨把每一段經歷都當成學習的機會。

——拉吉布．戴伊勳爵（Rajeeb Dey MBE），
數位學習發展平台 Learnerbly 創辦人兼執行長

42. 不要輕言放棄。我一直跟大企業呼籲，一定要堅持環保永續，多次遭到怒吼、忽視、羞辱，甚至還有一次差點被告。但我始終堅信，環保永續的未來可能實現，所以我才會持續努力。每個人都要追求自己所愛，而我的愛就是我們的地球。

——薩利．尤倫勳爵（Sally Uren OBE），
未來論壇（Forum for the Future）執行長

43. 一切終究會有好結果，如果現在還沒有好結果，那就是還沒到終點。

——哈里奧特・普萊德爾・布瓦里（Harriot Pleydell-Bouverie），棉花糖公司 Mallow & Marsh 創辦人

44. 機會上門永遠要說「好」，還有一點，永遠忠於你自己。

——凱蒂・凱萊赫（Katie Kelleher），起重機駕駛

45. 我發現到，除非給自己震撼教育，否則不會成長。第一次站在大家面前演講，或者參與大專案，瞄準遠大的目標；或者在以男性為主的董事會，跟其他董事平起平坐，這些事都需要跨越舒適圈，考驗你的勇氣，試試看你多有能耐。因此，恐懼會刺激成長，你會變得更堅強，你也會明白，每一次大躍進，都有可能成功。有時候，你勇敢跨出了，卻失敗了，但你會重新爬起來，再試一次，這就是韌性和決心。

——艾德溫娜・鄧恩（Edwina Dunn），消費者洞察公司 Starcount 執行長

46. 寧願當一個會犯錯，但性格有趣的人，也不願當一個永遠正確，但性格無聊的人。

——丹尼爾・菲安達卡（Daniele Fiandaca），
文化改革機構 Utopia 以及社會平等組織 Token Man 創辦人

47. 與其後悔你沒做，還不如後悔你做了。

——凱特・史崔克（Kate Straker），投資管理公司 Man AHL 營運長

48. 勇敢一點。提出你憂心的問題，迎接新機會，如果需要改革，就勇敢說出來。領袖最大的特徵就是勇氣和正直。

——瑞秋・艾爾（Rachel Eyre），
森寶利連鎖超市（Sainsbury's）未來品牌主管

49. 找到有生產力的方法，挑戰你身邊的預設。預設無所不在，很容易被大家當成真理，無意中害你做出糟糕的決定。

——亞當・摩根（Adam Morgan），顧問公司 eatbigfish 創辦人

50. 追求成功時，要有勇氣善用集體智慧，抱持開放心胸。這會為你的團隊營造一個關係緊密、激勵士氣的氛圍，你自己待在那裡，也會更有信心。

——瑪麗娜・海頓（Marina Haydn），《經濟學人》常務董事

51. 無所畏懼，勇敢冒險。迎接所有的可能性；千萬別覺得自己不夠好，就認為不可能發生某些事。盡量跨出舒適圈，有時候一點點恐懼，反而會迫使你勇於迎向挑戰，勇敢到你自己都會嚇一跳。

——欣蒂・羅斯（Cindy Rose），微軟英國區執行長

52. 雪柔・桑德伯格（Sheryl Sandberg）說過「如果有人邀請你搭火箭……不管三七二十一，直接上！」就是這句話，鼓勵我做出最棒的職涯決定。

——艾瑪・羅伯茲（Emma Roberts），
非營利組織 Lean In 全球計畫的全球統籌

53. 在職涯做出大改變，當然需要勇氣。你必須不怕失敗，但如果真的失敗了，你也不把失敗看成失敗，因為你會從失敗記取教訓，所以失敗並不是退步，而是前進。

——強尼 MP（Jonny MP），攝影師

54. 為了實現抱負，你需要無比的熱情和膽量。為什麼要熱情呢？因為你要展現內在的動力，克服無數的阻礙。為什麼要膽量呢？因為你要逼自己跨越舒適圈。

——琳蒂・佩恩勳爵（Lyndy Payne CBE），
女性領導人俱樂部 WACL 榮譽會員

55. 雖然會害怕，還是會去做。

——克萊兒・希爾頓（Claire Hilton），
巴克萊銀行（Barclays）常務理事

8-6 把學習擺在第一位

56. 剛出社會的時候，別選擇太安逸的工作；反之，選擇讓你成長最多的工作；因為在職業生涯中，投資自我學習，絕對是第一選擇。等到你事業有成了，還是別選擇太安逸的工作；反之，選擇你貢獻會最大的工作。當你知道自己的工作會改變世界，就是最有意義的一件事！

——亞當·格蘭特（Adam Grant），華頓大學教授，
《給予：華頓商學院最啟發人心的一堂課》
（*Give and Take*）、《原創力》（*Originals*）和
《擁抱 B 選項》（*Option B*）作者

57.如果你的工作太安逸（當你停止學習，就會有這種感覺了），那就該找別的事情來做，讓你有一點期待，有一點不安。如果這個機會令你興奮不已，那就放下憂慮吧，放手一搏！

——提姆·查特文（Tim Chatwin），
Google EMEA 地區傳播公關部門副總裁

58.不斷學習。這個世界瞬息萬變，你最需要的能力有三個，一是適應力，二是學習心態，三是掌握會改變世界的新科技。每個星期花八小時應用學習，這生產力難道比不上開會或發郵件嗎？不可能吧！更何況應用學習有趣多了。現在這個時代，學習本身就是工作！

——凱薩琳·帕森斯勳爵（Kathryn Parsons MBE），
科技新創企業 Decoded 創辦人兼執行長

59. 自己的專業發展，靠自己投資，千萬不要傻傻等老闆出資。現在終生學習是關鍵的就業能力，科學研究顯示，在長達三十年的職業生涯，你必須不斷更新、再生、重新培訓六次之多，以免被淘汰，這聽起來很可怕吧？令人瞬間清醒！數位科技發展如此快速，定期重新培訓，以免跟不上時代，已經是首要之務。

——尼基．考科藍（Nikki Cochrane），
數位教育公司 Digital Mums 創辦人

60. 設法提升自己，變得比你的職位更強大！我相信你主要的目標應該是學得更多、貢獻更多，並從公司和各種情況累積經驗，最後變得比你的職位更強。如此一來，你的表現會超乎期待，你自己和你的事業都會成長，你也會成為升遷的不二人選。踏出舒適圈，把握你手邊的機會吧！

——傑克．羅曼（Jack Lowman），資深行銷人員，
《開闢你的人生》（*Hack Yourself*）作者

61. 問你自己三件事：有沒有學到東西？薪水夠不夠多？有沒有樂趣？如果你認為滿足其中兩項，試著把三項都拿下。

如果只滿足一項，甚至一項也沒有，乾脆換個工作吧！

——蕾貝卡・克拉倫醫學博士（Rebecca Crallan MD），
英國癌症研究機構（Cancer Research UK）癌症情報部門主管

62. 為你自己打算。你不需要做到對時間錙銖必較，而是要主動經營你的職涯，不要再奢望別人會幫你做。如果你想徵求別人的意見，最好給對方方便。我倒是滿驚訝的，大家似乎不太在意這一點。現在花時間想一想，別人要給你意見，是不是一件容易的事？如果滿分十分，對方會給你六分呢？還是給你十分呢？如果是六分，你該怎麼提高分數？唯有你自己，可以設法讓自己進步。

——麥特・金頓（Matt Kingdon），獨立創新機構?What If!創辦人

63. 你可以在職涯達成很多件事，只是不可能同時並進。我們在 Facebook 曾經把職涯比喻成「小孩子玩的攀登架」。你必須找一條最適合自己的路，然後不斷進步，而非追求完美，這樣你才不會停止學習。

——凱洛琳・艾佛遜（Carolyn Everson），
Facebook 全球行銷解決方案副總裁

64. 你的事業集結你共事過的對象，還有你學習過的對象。

——瓊恩・魯多（Jon Rudoe），個人保養品牌 Evolve Beauty 顧問

65. 先當覺得什麼都有趣的人；再當別人覺得有趣的人。

——菲爾・吉伯特（Phil Gilbert），
意昂集團（E.ON）英國地區能源解決方案主管

66. 你要持續學習，這是為了你和你同事而做！一旦你停止學習，那就快點催促自己前進吧！

——莎拉・金（Sarah King），
女性職涯成長機構 Work.by Design 共同創辦人

67. 一位好的心理師，或者一個好人，都是一邊展現自己的學問，一邊承認自己的無知。唯有如此，你才會對別人感到好奇、驚奇和感動。

——班・海格醫學博士（Ben Hague MD），心理學家

68. 我做過最明智的決定，就是在職涯盡情學習。薪水、地位、升遷、行業，或任何職涯發展的代名詞，我都不在乎。我只是沿著最陡峭、最嚴格的學習曲線，埋頭苦幹。一旦我發現學習曲線變平坦了，我會再把它變得陡峭一

點。我不是每次都會成功（反之，我失敗的機會可多了），但也因為這樣，我身經百戰，累積豐富經驗，形塑出生活中和職場中的我。

——羅伯．奧多諾萬（Rob O'Donovan），
人資平台 CharlieHR 創辦人

69. 問一問你自己：你的職涯有沒有什麼精彩的故事，值得你跟親朋好友分享？如果你的答案是否定的，該是你換工作的時候了！找一個新職位，重燃你兒時的好奇心。唯有懷抱著好奇心態，我們才會學習新事物，讓自己常保興趣和趣味。

——湯姆．泰普（Tom Tapper），
創意機構 Nice and Serious 共同創辦人

8-7 打造專屬於你的職涯

70. 開創你自己的路，專心走下去。你的方向燈不一定要全開，但千萬不要分心看別人在做什麼。跟別人比較是人之常情，一般人難以避免，但是我有一個強項，我會把比較化為激勵。比方，一般人會想說「為什麼他有，我沒有？」而我會換個方式想「真厲害，那個人竟然辦到了！我該怎麼做，才會變得跟他一樣厲害呢？」

——艾瑪・甘儂（Emma Gannon），
《不上班賺更多》（*The Multi-Hyphen Method*）作者，
「Ctrl Alt Delete」播客節目主持人

71. 大家經常聽到一個建議「做你喜愛的事」，聽起來很美好，無形中卻給我們製造了壓力，畢竟不是每個人的工作都在實現人生使命。我心目中最棒的職涯建議是這樣的：工作要盡量貼近你的喜好，如果還有一點距離，也不要太苛責自己。我剛開始到

Google 工作時，很想去 YouTube 工作，但當時沒有 YouTube 的團隊。於是我趁午休時間，自告奮勇做一些事情，例如主動分享資訊，收集資料，傳給大家一些有趣的研究。等到工作機會來了，Google 英國區主管對我說：「你過去做的一切，現在看來似乎很有道理」。

——布魯斯・戴斯利（Bruce Daisley），
《工作的樂趣》（*Joy of Work*）作者

72. 如果你現在工作並不快樂，那就做一些改變，換另一個值得你攀爬的梯子。不要傻傻等待完美的時間點。你還沒準備好嗎？還是去做吧！時間一去不復返，別讓金錢限制你的決定，金錢只是其中一個考量而已。

——羅倫斯・麥克希爾（Laurence McCahill），
線上學習平台 The Happy Startup School 創辦人

73. 如果你每天工作八小時，都可以提早把工作做完，千萬不要犯傻啊，自願把工作日縮短為一週四天，因為你耗費同樣的心力，卻少拿了兩成薪水！與其這樣做，還不如好好享受你多餘的時間，平衡你的工作和家庭吧！

——莎拉・班尼森（Sara Bennison），
金融服務機構 Nationwide 行銷主管

74. 你選擇的公司，必須帶給你知識的挑戰，而非優渥的薪水。以我自己來說，我會選擇薪水沒那麼好的公司，但職務相對有趣，更有挑戰性，這才是刺激你個人成長的火箭船呀！

——丹・穆瑞・瑟特（Dan Murray-Serter），
健腦新創企業 Heights 創辦人

75. 調查你心儀的公司，確認你想在那裡工作的理由，設法成為他們不可或缺的人才。

——泰瑪拉・辛奇克（Tamara Cincik），
倡議組織 Fashion Roundtable 創辦人兼執行長

76. 說到職涯選擇，我總會問自己，這件事會開啟更多未來前景呢？還是會關閉未來前景呢？縮小範圍不一定是壞事，只是要經過深思熟慮才好。

——莎拉・瓦爾比（Sarah Warby），
情趣用品品牌 Lovehoney 執行長、
比價網站 MoneySuperMarket 非常務董事

77. 動手做就對了！現在要規劃完美的職涯路徑，比以前更困難了，所以要盡量在起點做到最好，然後持續修改想法和目標，直到找到適合你的做事方式為止。

——史蒂芬・華森（Steven Watson），
雜誌訂閱網站 Stack Magazines 創辦人

78. 我強烈認為，每個人都*必須*充分掌握自己的職涯。在我看來，要稱霸職場，有一件事情非做到不可，那就是自己的職涯「自己顧」……這是你的職涯，不是你公司的、你主管的、你導師的、你教練的、你親朋好友的，也不是你同事的！

——馬克・布瑞登（Mark Brayton），
救助兒童會（Save The Children）英國地區顧問委員

79. 你找新工作的時候，心態一定要改變，你要換個角度想，這個場合不只是公司在面試你，你也在面試那間公司。用這個心態去準備面試，事先想好三個不可妥協的條件。你心裡很清楚，唯有滿足這幾個條件，你才會感到幸福圓滿，充分發揮你的價值。找機會問你面試的公司，確認對方有沒有滿足你的條件。

——克萊兒・博蒙特・亞當（Clare Beaumont-Adam），
嬰兒用品店 Panda Bear Baby Company 創辦人

80. 做正確的決定，別讓太遠大的計畫或抱負妨礙你。

做決定的時候，只問自己兩個問題，首先是「這份（新）工作在未來兩年，會不會增加我的知識、技能和經驗？」，再來是「我會不會做得好？」如果這兩個問題的答案都是肯定的，那就去做吧！

——賈斯汀．金（Justin King），
森寶利連鎖超市（Sainsbury's）前執行長、
植栽園藝公司 Wyevale Garden Centres 總裁、
馬莎百貨（Marks & Spencer）非執行董事

81. 你的職涯，只有你最在乎。

——阿梅莉亞．托羅德（Amelia Torode），
The Fawnbrake Collective 創辦人

82. 你永遠不會知道，你到底想要做什麼，但只要你發現，這就是你不想做的事……那就趕快走人吧！

——威爾．巴特勒；亞當斯（Will Butler-Adam），
自行車公司 Brompton Bikes 執行長

83. 不要限制你自己。有一些工作和事業的機會可能找上門，但是機會出現了，務必迎接新的可能性，換一件事情做做看。

——大衛・麥昆（David McQueen），個人教練兼演講者

84. 勇敢一點！我們的職涯還很長，一旦發現你正在做的事情，早已喪失樂趣，那就做出改變，改造自己吧！每個人都可以有多重的職涯。

——維多莉亞・福克斯（Victoria Fox），廣告服務公司 AAR 執行長

85.「做決定，然後實現。」這句話對我很管用，尤其是我這個人優柔寡斷，連我自己都受不了，每件事都想好久。

——凱莉・朗頓（Carrie Longton），Mumsnet 共同創辦人

8-8 確保你有善用時間

86. 每天一大早，做一件聰明的小事！如果你做不到，趕快問別人的建議。

——羅倫·庫里勳爵（Lauren Currie OBE），
新創公司 NOBL 常務董事

87. 以終點為起點！想像你是九十歲的老人家，坐在公園的長椅回顧往日人生，對你而言，什麼才是重要的事情呢？

——亞曼達·瑪肯西勳爵（Amanda Mackenzie OBE），
慈善組織 Business in the Community 執行長

88. 做你喜愛的事，想清楚那是什麼樣的事。在這個花花世界裡，有太多事情會分散我們的注意力，導致我們分不清「瞎忙」和真忙。一旦我們腦袋不清醒，焦點不集中，每件事都要花更長的時間去完成。

——尼基·瑞比（Nicky Raby），演員

89. 管理自己的時間，就好比投資人理財。你工作／職涯的時

間如此有限，當然要好好思考一下：該如何做好時間投資，讓好事發生呢？（考慮自己的影響力）該如何發揮時間的最大效用呢？

——班恩·泰森（Ben Tyson），社群媒體行銷機構 Born Social 執行長

90. 拿時間來衡量工作績效，並不太適合，除非你是鐘錶師，那就另當別論了。有些職務特別的燒腦，你花了一整天，只做了一件偉大的事情，這樣的工作績效當然值得嘉獎！又或者，你沒花什麼時間，只是偶然間靈光乍現，這樣也很棒呀，畢竟你為自己爭取更多時間了。

——馬克·伊伕斯（Mark Eaves），創意公司 Gravity Road 共同創辦人

91. 完成比完美更重要。只要你完成了，你就會有進步，但如果你非要等到完美才開始行動，恐怕會錯失良機。

——蘿拉·米蒙（Laura Mimoun），KALEIDO 餐廳創辦人

92. 你希望自己有哪些進步呢？大聲向大家宣布，但不要誇下海口。如果你什麼事都說好，卻什麼都沒做到，大家只會覺得你不可靠，比那些不誇口、不做事的人更糟糕。

——凱特·蘭德（Kate Rand），設計服務公司 Beyond 人力營運主管

8-9 照顧好自己

93. 盡你所能，維持所有生活層面平衡，包括靈性實現和物質回報；照顧自己和別人；同時跟同事、家人和朋友建立完整的關係。一方面發揮自己的強項，另一方面全力以赴，為未來的目標努力，但也要享受當下。祕訣就在於「同時兼顧」，而非「兩者擇一」。

——安迪·柏德（Andy Bird），
《勵志的領袖》（*Inspired Leader*）作者

94. 把身心健康擺在第一位，定期問自己：我有沒有在學習？我有沒有在成長？我有沒有補充精力？我活得有意義嗎？我感到自豪嗎？我是善良的人嗎？我是否快樂？

——米雪兒·摩根（Michelle Morgan），
創意機構 Livity 共同創辦人，服裝時尚公司 Pjoys 創辦人

95. 我們有絕大部分的時間都在工作，如果想過圓滿的生活，工作一定要跟自己切身相關，如果沒有也不用慚愧。當你發現自己的事業，對你沒那麼必要，沒那麼令你感動，那

就是你換工作的時候了。

——傑克・葛拉罕（Jack Graham），
社會創新課程機構 Year Here 創辦人兼執行長

96. 你不一定要知道答案，有時候不妨直說：「我不知道，請先容我去找答案，再回過頭告訴你。」或者坐下來，用心聆聽對方的答案就好，沒必要再多說些什麼。你也可以沉澱個幾天，再跟對方說：「那一天討論的話題，我想了好幾天，現在有一些頭緒了。」無論你的工作效率有多好，每次開口之前，還是可以給自己深呼吸的時間，或者給對方反思的空間。

——馬修・奈特（Matthew Knight），非營利組織 Leapers 創辦人

97. 提醒你自己做四件事：一是呼吸，二是清楚你的定位，三是分析你的所做所為，四是回顧你目前為止的進步，微笑以對。

——艾迪・艾爾法（Adi Alfa），演員、作家、導演

98. 2008 年金融危機之後，我在客戶身上發現一件事：那些有韌性、有堅持、有恢復力的人，在工作之餘，通常也有

完整的興趣。反之，那些拼命三郎，倒是把自己和公司都搞得烏煙瘴氣，所以繪畫、唱歌、跳舞、烘焙、編織、跑步、閱讀、健行、打保齡球、釣魚，什麼興趣都很好，對事業發展來說，興趣絕非奢侈品，而是必需品。

——詹姆斯．希利（James Healy），威信教練

99. 你會需要什麼動能呢？你該如何抵達終點呢？你該如何達成目標呢？你該如確保自己持續進步呢？你現在需要什麼奧援呢？你需要什麼工具呢？你需要什麼樣的工作環境？你需要怎樣的休息？

——伊恩．桑德斯（Ian Sanders），說故事的人

100. 做創意練習的時候，總會有靈感串連一氣，茅塞頓開，恍然大悟的時候，但這種片刻的喜悅，通常是經過長期的研究、試驗和演練，所以我不會把焦點放在終點上，因為達成目標的那一刻，實在太短暫了，還不如活在當下，享受你每一個行動，終而實現目標。重點在於過程，試著在過程中發現樂趣，因為工作永遠沒有完結的一天。

——麥克斯．瓦倫（Max Warren），銀匠，
中央聖馬丁藝術與設計學院（Central Saint Martins）兼任講師

最後，我們兩個人各貢獻一個建議：

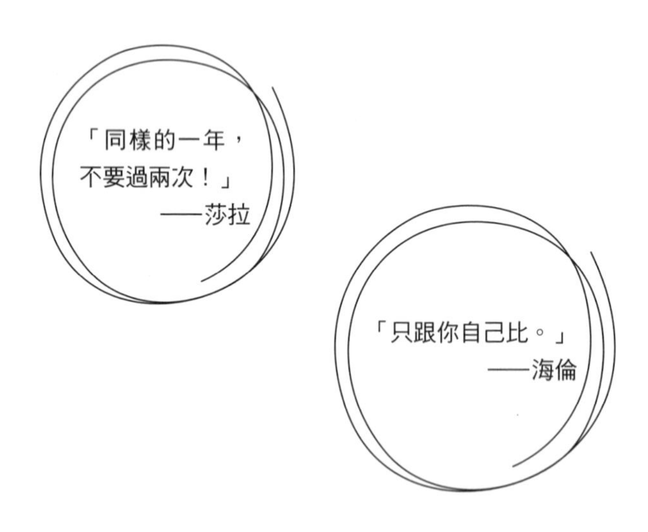

Never live the same year twice.

Run your own race.

謝辭

「優職」這個事業，不只是我們兩個人而已，因此我們想感謝所有參與過的人，要不是這些人、團隊和機構，陪我們一起測試、調整和運用書中的工具，這本書不可能出版。有的人參加過我們初期的活動，參與我們線上的支持社群。再來是我們的客戶，勇於嘗試不一樣的個人發展模式。我們對於這些人無比感謝。

一邊寫書，一邊工作，家裡還有幼兒要照顧，絕對是一項考驗！那些在身邊支持我們的伴侶、朋友和家人，共同催生了這本書。特別感謝海倫的老公葛瑞斯，以及莎拉的另一半湯姆，他們給予我們空間和時間，還要忍受一些鳥事（沒時間追最新的《冰與火之歌：權力遊戲》，假日也不能好好過，總是要穿插寫作日）。你們真了不起，謝謝你們！

現在的職涯越來越迂迴，我們倒是越樂在其中，一來是我們落實了自己的主張，二來是我們喜歡自己工作的機構，再來是欣賞我們共事的人。超感謝每一個曾經參與我們職涯的人，激勵、質疑、督促著我們，讓我們持續學習和成長。我們會變得更好，都是因為你們！

編輯莉蒂亞一路上支持我們和這本書，感謝她無比投入，重複演練書中的練習題，而且她的標準很高，所以我們心想，有了她，就是好書的保證。要是沒有她，這本書根本不可能實現。

最後，我們想感謝彼此。找好朋友和事業夥伴一起寫書，其實滿危險的，但這段過程中，我們倒是重新看見了對方的優點。海倫的活力、觀點和正向，讓我們有動力出發。莎拉的創意、周延和投入，讓我們有恆毅力完成。我們很慶幸在多年前就認識彼此，也期待未來貫徹我們的使命，造福每一個人的職涯。

打造你專屬迂迴而上的職涯：筆記區

內文註解

1. https://www.thebalancecareers.com/common-characteristics-of-generation-x-professionals-2164682
2. https://www2.deloitte.com/content/dam/Deloitte/global/Documents/About-Deloitte/gx-dttl-2014-millennial-survey-report.pdf
3. https://www.forbes.com/2010/03/04/happiness-work-resilience-forbes-woman-well-being-satisfaction.html#2751be36126a
4. https://www.mckinsey.com/~/media/mckinsey/featured%20insights/future%20of%20organizations/what%20the%20future%20of%20work%20will%20mean%20for%20jobs%20skills%20and%20wages/mgi-jobs-lost-jobs-gained-report-december-6-2017.ashx
5. https://www2.deloitte.com/uk/en/pages/human-capital/articles/introduction-human-capital-trends.html
6. https://yougov.co.uk/topics/economy/articles-reports/2018/08/24/

over-nine-ten-not-working-usual-9-5-week

7. Ibid.
8. https://www.wired.co.uk/article/we-work-startup-valuation-adam-neumann-interview
9. https://www.hrreview.co.uk/hr-news/strategy-news/5-signs-you-could-be-a-victim-of-leavism/111334
10. https://www.tuc.org.uk/news/15-cent-increase-people-working-more-48-hours-week-risks-return-%E2%80%98burnout-britain%E2%80%99-warns-tuc
11. https://news.harvard.edu/gazette/story/2017/04/over-nearly-80-years-harvard-study-has-been-showing-how-to-live-a-healthy-and-happy-life/
12. https://business.linkedin.com/talent-solutions/job-trends/purpose-at-work?src=gua
13. https://www.gallup.com/workplace/231605/employees-strengths-company-stronger.aspx
14. https://psycnet.apa.org/record/2005-08033-003
15. https://business.linkedin.com/content/dam/me/business/en-us/talent-solutions/resources/pdfs/global-talent-trends-2019-EMEA.pdf
16. https://www.gallup.com/workplace/231605/employees-strengths-

company-stronger.aspx

17. https://www.lsbf.org.uk/media/2760986/final-lsbf-career-change-report.pdf
18. http://changingminds.org/explanations/values/values_development.htm
19. https://hbr.org/2019/03/to-seem-more-competent-be-more-confident
20. https://www.newyorker.com/science/maria-konnikova/social-media-affect-math-dunbar-number-friendships
21. https://www.independent.co.uk/news/business/news/business-ethnic-gender-diversity-performance-levels-better-study-workplace-office-mckinsey-a8166601.html
22. https://hbr.org/2011/01/the-real-benefit-of-finding-a
23. https://fs.blog/2014/10/adam-grant-give-and-take/
24. https://www.ft.com/content/0151d2fe-868a-11e7-8bb1-5ba57d47eff7
25. https://hbr.org/2014/08/curiosity-is-as-important-as-intelligence
26. https://hbr.org/ideacast/2018/10/the-power-of-curiosity
27. https://hbr.org/2012/01/creating-sustainable-performance
28. https://journals.sagepub.com/doi/pdf/10.1177/0002764203260208

29. https://www.businessinsider.com/microsoft-ceo-satya-nadella-on-growth-mindset-2016-8?r=US&IR=T
30. https://www.inc.com/jeff-haden/21-side-projects-that-became-million-dollar-startups-and-how-yours-can-too.html
31. https://www.ibm.com/services/learning/pdfs/IBMTraining-TheValueofTraining.pdf
32. https://hbr.org/2009/01/why-sleep-is-so-important.html
33. https://www.forbes.com/sites/daviddisalvo/2016/10/30/six-reasons-why-walking-is-the-daily-brain-medicine-we-really-need/#1ab5fa8352b8
34. https://www.telegraph.co.uk/education-and-careers/0/rising-epidemic-workplace-loneliness-have-no-office-friends/
35. https://www.theguardian.com/money/2016/jan/07/can-money-buy-happiness
36. https://news.gallup.com/businessjournal/182792/managers-account-variance-employee-engagement.aspx

國家圖書館出版品預行編目(CIP)資料

職場天賦：Google總裁推薦!邁向成功職涯的30道練習,將天賦轉化成職場優勢!投入真心喜愛的工作/海倫.塔柏(Helen Tupper), 莎拉.艾莉絲(Sarah Ellis)著；謝明珊翻譯. -- 初版. -- 新北市：大樹林出版社, 2022.09
面； 公分. -- (心裡話；14)
譯自：The squiggly career
ISBN 978-626-96312-3-0(平裝)

1.CST: 職場成功法

494.35 111013011

心裡話 14

職場天賦

Google 總裁推薦！邁向成功職涯的 30 道練習，將天賦轉化成職場優勢！投入真心喜愛的工作

作　　者／海倫・塔柏、莎拉・艾莉絲
翻　　譯／謝明珊
主　　編／黃懿慧
校　　對／楊心怡
封面設計／木木 LIN
排　　版／菩薩蠻數位文化有限公司
出 版 者／大樹林出版社
營業地址／23357 新北市中和區中山路 2 段 530 號 6 樓之 1
通訊地址／23586 新北市中和區中正路 872 號 6 樓之 2
電　　話／(02) 2222-7270 傳真／(02) 2222-1270
E – mail／notime.chung@msa.hinet.net
官　　網／www.gwclass.com
FB 粉絲團／www.facebook.com/bigtreebook
發 行 人／彭文富
劃撥帳號／18746459　戶名／大樹林出版社
總 經 銷／知遠文化事業有限公司
地　　址／222 深坑區北深路三段 155 巷 25 號 5 樓
電　　話／02-2664-8800　傳真／02-2664-8801
初　　版／2022 年 09 月

大樹林YouTube頻道

大樹林芳療諮詢站

定價／380 元・港幣：127 元　ISBN／978-626-9631-23-0